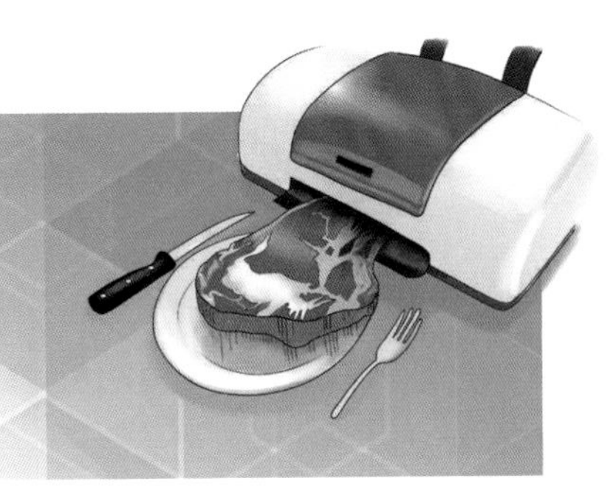

高新技术科普丛书（第4辑）

马良神笔已成真

——3D打印技术与应用

主编 黄文华

SPM南方出版传媒
广东科技出版社｜全国优秀出版社
·广 州·

图书在版编目(CIP)数据

马良神笔已成真：3D打印技术与应用 / 黄文华主编. —广州：广东科技出版社，2017.10（2020.7 重印）
（高新技术科普丛书. 第4辑）
ISBN 978-7-5359-6793-0

Ⅰ. ①马… Ⅱ. ①黄… Ⅲ. ①立体印刷—印刷术—普及读物 Ⅳ. ①TS853-49

中国版本图书馆CIP数据核字（2017）第208047号

马良神笔已成真——3D打印技术与应用
Maliang Shenbi Yichengzhen——3D Dayin Jishu yu Yingyong

责任编辑：区燕宜
装帧设计：柳国雄
责任校对：谭 曦
责任印制：彭海波
出版发行：广东科技出版社
（广州市环市东路水荫路11号 邮政编码：510075）
http：//www.gdstp.com.cn
E-mail：gdkjyxb@gdstp.com.cn（营销）
E-mail：gdkjzbb@gdstp.com.cn（编务室）
经 销：广东新华发行集团股份有限公司
印 刷：佛山市华禹彩印有限公司
（佛山市南海区狮山镇罗村联和工业西二区三路1号之一 邮政编码：528225）
规 格：889mm×1 194mm 1/32 印张5 字数120千
版 次：2017年10月第1版
2020年7月第3次印刷
定 价：26.80元

《高新技术科普丛书》（第 4 辑）编委会

本套丛书的创作和出版由广州市科技创新委员会、广州市科技进步基金会资助，由广东省科普作家协会组织编写、审阅。

序一 PREFACE

精彩绝伦的广州亚运会开幕式，流光溢彩、美轮美奂的广州灯光夜景，令广州一夜成名，也充分展示了广州在高新技术发展中取得的成就。这种高新科技与艺术的完美结合，在受到世界各国传媒和亚运会来宾的热烈赞扬的同时，也使广州人民倍感自豪，并唤起了公众科技创新的意识和对科技创新的关注。

广州，这座南中国最具活力的现代化城市，诞生了中国第一家免费电子邮局，拥有全国城市中位列第一的网民数量，广州的装备制造、生物医药、电子信息等高新技术产业发展迅猛。将这些高新技术知识普及给公众，以提高公众的科学素养，具有现实和深远的意义，也是我们科学工作者责无旁贷的历史使命。为此，广州市科技和信息化局（广州市科技创新委员会）与广州市科技进步基金会资助推出《高新技术科普丛书》。这又是广州一件有重大意义的科普盛事，这将为人们提供打开科学大门、了解高新技术的“金钥匙”。

丛书内容包括生物医学、电子信息以及新能源、新材料等三大板块，有《量体裁药不是梦——从基因到个体化用药》《网事真不如烟——互联网的现在与未来》《上天入地觅“新能”——新能源和可再生能源》《探“显”之旅——近代平板显示技术》《七彩霓裳新光源——LED 与现代生活》以及关于干细胞、生物导弹、分子诊断、基因药物、软件、物联网、数字家庭、新材料、电动汽车等多方面的图书。

我长期从事医学科研和临床医学工作，深深了解生物医学对于今后医学发展的划时代意义，深知医学是与人文科学联系最密切的一门学科。因此，在宣传高新科技知识的同时，要注意与人文思想相结合。传播科学知识，不能视为单纯的自然科学，必须融汇人文科学的知识。这些科普图书正是秉持这样的理念，把人文科学融汇于全书的字里行间，让读者爱不释手。

丛书采用了吸收新闻元素、流行元素并予以创新的写法，充分体现了海纳百川、兼收并蓄的岭南文化特色。并按照当今“读图时代”的理念，加插了大量故事化、生活化的生动活泼的插图，把复杂的科技原理变成浅显易懂的图解，使整套丛书集科学性、通俗性、趣味性、艺术性于一体，美不胜收。

我一向认为，科技知识深奥广博，又与千家万户息息相关。因此科普工作与科研工作一样重要，唯有用科研的精神和态度来对待科普创作，才有可能出精品。用准确生动、深入浅出的形式，把深奥的科技知识和精邃的科学方法向大众传播，使大众读得懂、喜欢读，并有所感悟，这是我本人多年来一直最想做的事情之一。

我欣喜地看到，广东省科普作家协会的专家们与来自广州地区研发单位的作者们一道，在这方面成功地开创了一条科普创作新路。我衷心祝愿广州市的科普工作和科普创作不断取得更大的成就！

中国工程院院士 钟南山

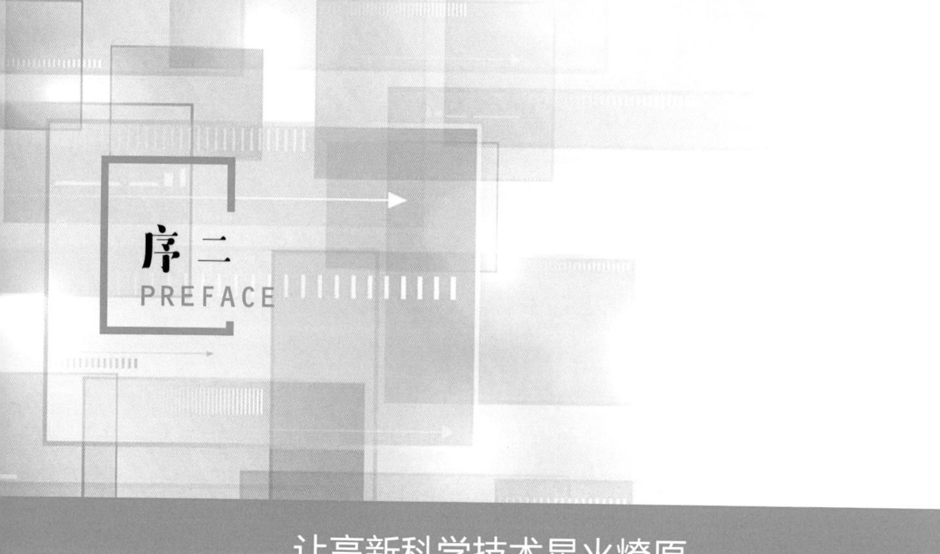

让高新科学技术星火燎原

21世纪第二个十年伊始，广州就迎来喜事连连。广州亚运会成功举办，这是亚洲体育界的盛事;《高新技术科普丛书》面世，这是广州科普界的喜事。

改革开放30多年来，广州在经济、科技、文化等各方面都取得了惊人的飞跃发展，城市面貌也变得越来越美。手机、电脑、互联网、液晶大屏幕电视、风光互补路灯等高新技术产品遍布广州，让广大人民群众的生活变得越来越美好，学习和工作越来越方便；同时，也激发了人们，特别是青少年对科学的向往和对高新技术的好奇心。所有这些都使广州形成了关注科技进步的社会氛围。

然而，如果仅限于以上对高新技术产品的感性认识，那还是远远不够的。广州要在21世纪继续保持和发挥全国领先的作用，最重要的是要培养出在科学领域敢于突破、敢于独创的领军人才，以及在高新技术研究开发领域勇于创新的尖端人才。

那么，怎样才能培养出拔尖的优秀人才呢？我想，著名科学家爱因斯坦在他的“自传”里写的一段话就很有启发意义:“在12~16岁的时候，我熟悉了基础数学，包括微积分原理。这时，我幸运地接触到一些书，它们在逻辑严密性方面并不太严格，但是能够简单明了地突出基本思想。”他还明确地点出了其中的一本书：“我还幸运地从一部卓越的通俗读物（伯恩斯坦的《自然科学通俗读本》）中知道了整个自然领域里的主要成果和方法，这部著作几乎完全局限于定性的叙述，这是一部我聚精会神地阅读了的著作。”——实际上，除了爱因斯坦以外，有许多著名科学家（以至社会科学家、文学家等），也都曾满怀感激地回忆过令他们的人生轨迹指向杰出和伟大的科普图书。

由此可见，广州市科技和信息化局（广州市科技创新委员会）与广州市科技进步基金会，联袂组织奋斗在科研与开发一线的科技人员创作本专业的科普图书，并邀请广东科普作家指导创作，这对广州今后的科技创新和人才培养，是一件具有深远战略意义的大事。

这套丛书的内容涵盖电子信息、新能源、新材料以及生物医学等领域，这些学科及其产业，都是近年来广州重点发展并取得较大成就的高新科技亮点。因此这套丛书不仅将普及科学知识，宣传广州高新技术研究和开发的成就，同时也将激励科技人员去抢占更高的科技制高点，为广州今后的科技、经济、社会全面发展做出更大贡献，并进一步推动广州的科技普及和科普创作事业发展，在全社会营造出有利于科技创新的良好氛围，促进优秀科技人才的茁壮成长，为广州在21世纪再创高科技辉煌打下坚实的基础！

中国科学院院士 张景中

南国盛开的科技之花

“不经一番寒彻骨，怎得梅花扑鼻香。”2016年是不平凡的一年，这一年凛冽的冷空气，让广州下起了百年难得一遇的“雪”，为我们呈现了一朵朵迎春盛开的科技之花。

“忽如一夜春风来，千树万树梨花开。”伟大的改革开放以来，广州在政治、经济、文化等方面都取得了迅速的发展，获得了骄人的成绩。城市面貌焕然一新，天上是晴空万里的“广州蓝”，高处是摩天高楼，地上是车水马龙，地下是地铁网络。高新技术的发展和应用，使人们的生活越来越美好，工作越来越便捷，生活也有滋有味，戴的是可穿戴设备，吃的是可追溯来源的安全食品，用的是3D打印科技，看的是新媒体技术，还有网络安全和精准医学为我们的生活保驾护航。

对于高新技术的认识来源，可以是多方面的，但普及高新技术的目的是在于促进多领域跨学科的合作交流，特别是要启发广大青少年投身于高新技术行业。因此，要在21世纪继续保持和发挥科技创新的领导作用，要广泛开展科普活动，发挥地区和人才优势，传播科学知识，介绍科技动态，既要深入，更要浅出，激发青少年学习兴趣。

“万点落花舟一叶，载将春色过江南。”由广州市科技创新委员会、广州市科技进步基金会资助，广东省科普作家协会组织编写、审阅的这套大型科普丛书，由各领域专业人才编写，选题为广大人民群众感兴趣的科技话题，紧扣当今新闻热点，内容丰富，语言生动，案例真实，兼顾了可读性、趣味性和实用性。这套科普丛书的出版，对于贯彻《全民科学素质行动计划纲要实施方案（2016—2020年）》，强化公民科学素质建设，提升人力资源质量，助力创新型国家建设和全面建成小康社会，具有非常重大的意义。

“活水源流随处满，东风花柳逐时新。”祝愿广大读者能收获科技财富带来的精神喜悦，祝愿南国广州的科技之花永远盛开！

中国工程院院士 钟世镇

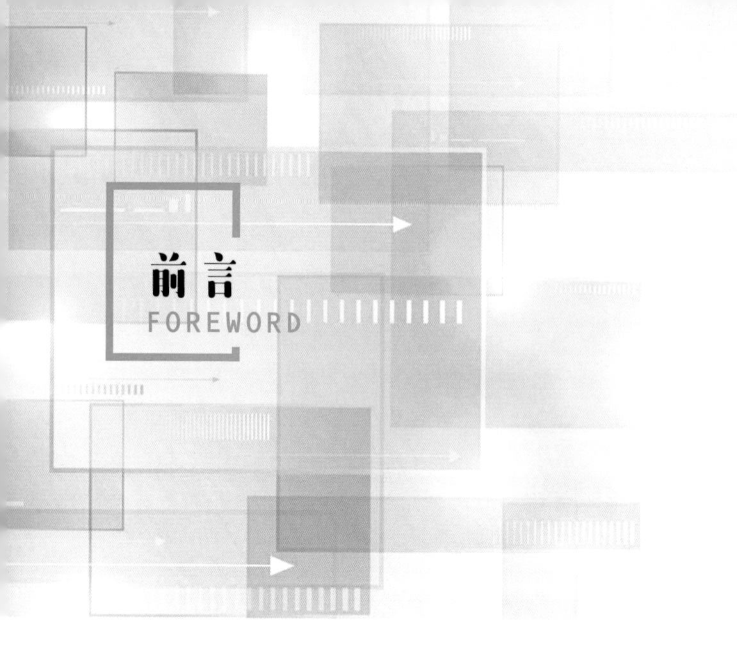

前言
FOREWORD

3D打印技术也叫快速成型技术或增材制造技术，是制造工艺和创新设计深度融合的高新技术，是当今创新最活跃、成长最迅速的战略性新兴产业。经历了几十年的发展，3D打印技术工艺逐渐完善成熟，市场规模逐渐增长扩大，业务范围逐渐创新多样。据世界权威机构调研，截至2016年11月，全球3D打印产业市场规模呈几何级增长态势，目前已突破60亿美元，预计2020年将突破210亿美元。我国3D打印产业同样发展迅速，产业份额约占全球的10%。2015年5月，国务院颁布《中国制造2025》，将3D打印列入国家战略发展规划。2016年11月，工业和信息化部印发《产业技术创新能力发展规划（2016—2020年）》，提出大力发展3D打印相关的新材料、新技术、新软件的创新研发。短短的十年间，3D打印产业发展迅猛，我们已经进入了全民造物的创客时代。

和传统的制造技术不同，3D打印技术无须模具、快速成型，解决了小规模定制高成本的难题，对传统制造业产生了颠覆性的影响。并且有赖于它设计空间大、材料组合广、能构建复杂结构的特点，这项高新技术近些年在各个行业、各个领域中都得到了广泛的应用，扮演了重要的角色，“打”出了各种精彩。

面对广大的读者群体，本书旨在用通俗易懂的语言和丰富有趣的案例，传递3D打印技术的相关知识，科普高新技术，介绍科技动态、激发学习兴趣。本书将3D打印技术细化成多个部分，包括技术原理、实际应用、发展现状以及未来趋势等，为读者剖析3D打印技术，呈现各种精彩的3D打印应用，让读者了解3D打印技术是什么、能做什么。

希望读者通过阅读本书，对这项技术的基本知识有简单的认识，对其在各个领域的实际应用有全面的了解，达到宣传科学知识，提高全民科学文化素质的目的。最后，希望读者朋友们能够从本书中获取更多有价值的知识和信息，并预祝大家阅读愉快。

目录
CONTENTS

水
糖
酒精

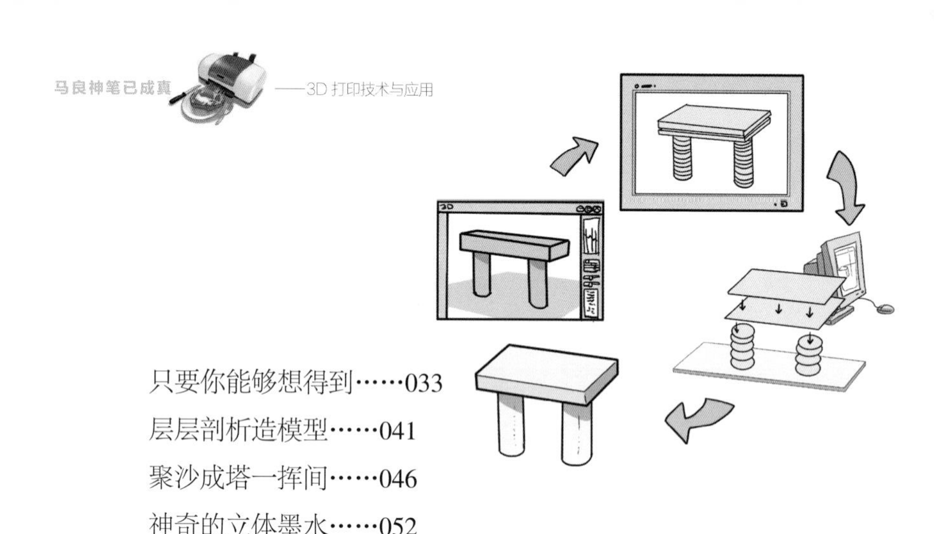
3D

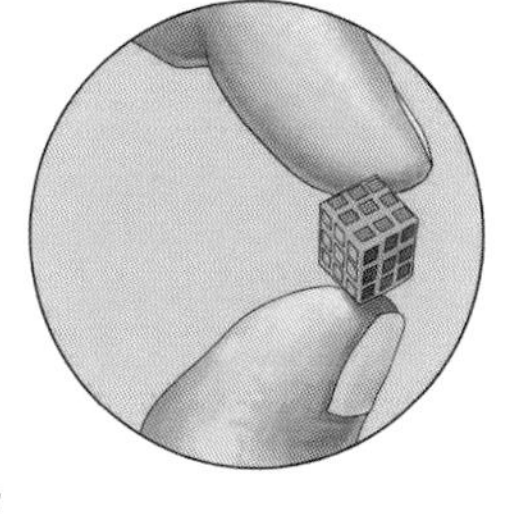

3D

3D打印——“打”出了新一轮工业革命

延 伸 阅 读

3D 打印技术能否带来一次新的工业革命?

在人类社会漫长的历史上，两次工业革命是重要的转折点，标志着工业生产进入一个全新的时代。18 世纪 60 年代，蒸汽机的广泛使用揭开了第一次工业革命的序幕。随后的一百年，电力的发明和应用标志着人们迎来第二次工业革命，走进了电气时代。从此，人们的生产能力得到了增强，交通更加便利快捷，生活方式得到了改变，扩大了人们的活动范围，加强了人与人之间的交流。

“互联网 + 双创 + 中国制造 2025，彼此结合起来进行工业创新，将会催生一场‘新工业革命’。”李克强总理在 2015 年 10 月 14 日的国务院常务会议上强调。这一新的工业革命，就是能源互联网与可再生能源结合，将导致人类生产生活、社会经济发生重大变革。

随着时代的飞速发展与科技的日新月异，新能源技术实现了工业生产摆脱对煤炭、石油等不可再生能源的依赖，从而过渡到使用太阳能、风能、潮汐能等清洁的、可再生能源。进而展望，不受限于空间分布的能源将得以使每一家、每一户都可以配有自己的“发电机”，新的能源革命为我们提供了分散的能源获取方式，未来我们将在一定程度上不再依赖于集约式的能量供应。3D 打印技术的发展又为人们提供了分散式的生产工具，因而，作为新工业革命的核心技术之一的 3D 打印，被认为是推动新一轮工业革命的原动力，将会为人们开启未来崭新的篇章。

闯进现实的马良神笔

神笔马良的故事我们从小就听过，一点也不陌生，讲的是放牛娃马良从小困苦，却十分喜欢画画，无奈连一支像样的画笔也没有，受到县令、师爷冷眼相待。可是，马良学画画的决心已定，他不断苦练，一年一年地过去了，画艺突飞猛进但还是没有一支画笔。

> 直到有一天，一位神仙送给他一支金光灿灿的笔，用这支笔画出来的动物会立刻有了生命，用这支笔画出来的东西会马上变成实物。马良用神笔给百姓画耕牛、画水车、画石磨，却被恶毒的县令和贪心的皇帝盯上了。最后，马良用计，画了大风大浪，斗败了自食恶果的皇帝，回归了平静安康的生活。

这个故事里，马良的善良、正直和机智让我们肃然起敬。更让我们注目的，是马良的那一支神笔。时至今日，马良神笔早已成真，只是换了个名字，叫作“3D 打印机”。

“打”入寻常百姓家

在日常生活中，我们听惯了“3D 动画”“3D 电影”“喷墨打印”和“激光打印”这些名词，因此对“3D”和“打印”都不陌生，但是放在一起组成了“3D 打印”这个新鲜词语，就让我们觉得有点神奇。事实上，3D 打印技术如同童话中的神笔马良，靠着特殊的“神笔”画出来的东西，不仅仅跃然纸上，还能摇身一变成为实物。不同的是，马良的神笔只存在故事里，神奇的 3D 打印机早已出现在人们的生活中。

汽车的车身设计就用到了 3D 打印技术，设计师在计算机上模拟制作车身的外形，用简易的材料打印出立体的模型，用于观察、测试和改良。在一次次的修改和调整后，有了城市中疾驰的汽车那流线型的车身。飞机的零部件也会用 3D 打印技术来制作，由于工业模具的大批量生产成本高昂，飞机所需的某些部件数量较少，所以求助于 3D 打印技术再好不过。

3D 打印技术为交通出行贡献了一分力量，然而，汽车和飞机只是 3D 打印技术应用的一小部分。不管你是否承认，3D 打印技术渐渐进入人们的视野，正分分秒秒地改变着我们的生活，打印着人们衣食住行的新色彩。

"鸭嘴兽"闯入了传统制造业

1733 年，John Kay 发明了"飞梭"，大大提高了织布的速度，纺纱顿时供不应求。随后，机器逐渐代替了手工劳动，工厂代替了手工作坊。现如今，自动化的生产线在大大小小的工厂中随处可见，快速且大批量地生产出小至纽扣、大至汽车，各种各样、形形色色的产品。

在一家电器修理店的收银处有一个标签，上面写着："我们可以为

你做得又好、又快或者又便宜。请选择三个其中任意两个。”这句玩笑话言简意赅地描绘了传统制造业的现状。制造业的工业化、自动化无疑为人们的生活带来巨大的改善，但同时，当货架上充斥着款式单一的商品，这为“定制”“限量”服务带来了契机。

远在地球的另一边，一家遥远的电子元件厂生产电子芯片，每天产量在 10 万件以上，每件售价仅 1 美元。这个工厂拥有先进的生产设备和顶尖的技术人员。听起来这一切像是符合了又好、又快、又便宜，三者兼得。其实，产品从研发到投入大规模生产是一个耗时许久的过程，生产线上的模具和机械需要经过多次调整，产生了巨大的成本。因此，工厂大批量销售其大规模生产的电子元件，最小订购量达 10 000 件，特殊定制、小批量生产则不适合采用大规模生产。

同样在遥远的西方，手工艺成为意大利驰名世界的一张王牌，皮鞋、皮具、西服、珠宝，这些昂贵的奢侈品可以满足顾客私人订制、量身制作的需求，但是价格不菲，也伴随着高昂的时间成本。

当探险家第一次发现鸭嘴兽时，都觉得是一个可笑的恶作剧，鸭子嘴搭配毛茸茸的身体，还有河狸般的扁尾巴和有蹼的脚。3D 打印技术就是将自动化工业的准确性、可重复，与手工业的个性化结合在一起的鸭嘴兽，它兼具了大规模生产和手工生产的特征。

像工厂的生产线一样，3D 打印通过计算机设计与控制，用 3D 打印机自动化地生产出实物，并且计算机设计出来的“模具”可以保存并发送到任何地方，在其他的 3D 打印机上制作出来。像手工作坊一样，设计师在计算机上对产品进行设计和修改，制作出不同的产品也不会增加额外的成本。

3D 打印技术使得设计和制造更加灵活，不仅给我们带来更加多样的产品、更短的交付时间、更低廉的成本，而且带给了我们个性化与社会化创造的时代。从此，我们用的商品再不是千篇一律的样式。

3D打印能不能代替传统的制造业呢?

3D打印技术的梦想和理念其实在很早之前就有了，中国物联网校企联盟称3D打印技术为“19世纪的思想，20世纪的技术，21世纪的市场”。

3D打印技术最早应用在制造行业，主要是原型制造、模具制造和直接制造三大领域。其中，原型制造主要是指应用3D打印技术制造用于产品设计、测试和评估的模型。模具制造主要是指应用3D打印技术制作蜡模或砂型模具。直接制造则是包括玩具、饰品、简单服装等消费品，以及制造金属、塑料、生物组织等复杂、难加工、小批量的功能部件。

那么3D打印技术是否会在近些年就取代传统的制造业，带来翻天覆地的变化呢?

许多人是持否定态度的。2014年，世界3D打印技术产业联盟秘书长、中国3D打印技术产业联盟执行理事长罗军在青岛举行的世界3D打印技术博览会上表示:“3D打印技术、人工智能、工业机器人相结合的数字制造技术和智能技术是制造业发展的必然方向，但3D打印替代传统制造业并不现实。”

3D打印技术的应用，是传统生产方式的一次重大变革，是有益的补充。但在目前阶段，工厂无法彻底告别车床、钻头、冲压机、制模机等传统工具，应用3D打印技术进行生产，最主要的难题是达不到规模化的要求。

3D 打印技术可解决小批量生产、个性化定制等问题，对传统制造业的转型升级和结构性调整将起到积极的作用。但传统制造业所擅长的批量化、规模化、精益化生产，恰恰是 3D 打印技术的短板。因此，3D 打印技术本身不是要取代传统制造业，而是要为传统制造业发展注入新鲜的动力。

加上目前 3D 打印技术在原材料、精密度、工艺稳定性等诸多方面还面临着瓶颈，3D 打印产业化是一个漫长、逐步渐进的过程。

2 “印刷术”又一次改变世界

早在 11 世纪的北宋时期，毕昇发明了活字印刷。通过使用可以移动的金属或胶泥字块进行排版并印刷，来取代传统的抄写。印刷术作为中国古代“四大发明”之一，曾对世界文明进程和人类文化发展产生过重大影响。

后来随着科技进步，打字机帮助人们更加简便地完成书写、誊抄和复写直到被打印机所取代。计算机和打印机如今已成为常用的办公用具，无论文档或图片格式的文件，打印机都可以将它们呈现在纸上。

虽然打印机打印的文字整齐工整，图片绚丽逼真，但是始终无法创造出立体的实物。怀揣着这一梦想，人们不断地追求、思考。直到 1986 年第一台 3D 打印机问世，人类凭借这一发明，迈向造物的新时代。

大多数人第一次听到 3D 打印时，容易联想到那些办公室桌面上方方正正的喷墨打印机，其实两者的确有不少联系和相同之处，但是两者的区别才是最引人入胜的。源文件、耗材、打印方式，这些区别都很重

要。不过，3D 打印和平面打印最大的区别，是维度。

快、好、省的 3D 打印

3D 打印实现了人们摆脱传统切割和模具制造物品的旧方式的愿望，来自各个领域、行业，具有不同背景、专业技术水平的人们，开始用类似的方式制造物品，3D 打印技术帮助他们减少了主要成本、制造时间和复杂性障碍。

关于 3D 打印技术给人们生活带来的便捷和好处，有这样一则奇妙的故事：

约翰和玛丽是一对幸福的恋人，他们步入了婚姻的殿堂，在爱神的见证下开始了美好的新人生。这一天，他们来到天堂岛开始他们的蜜月之旅，当他们漫步到岛上小镇的商业广场上，在那里，玛丽看到了街角的橱窗里，摆放着一双让她怦然心动的高跟鞋。

可是当她走到商店门前，橱窗的灯光熄灭了，一位老人从商店里走出来，锁上了门："喔，对不起，亲爱的小姐，今天提早打烊了。"

"那么，明天我再过来吧，那双鞋子真美。"玛丽有些沮丧，目光始终留在那双闪亮的高跟鞋上。

"恐怕不行，我的小孙女病了，我就是急着关门，赶着回乡下照顾她。还不知道什么时间再回来营业呢……"还没有等约翰和玛丽回过神，鞋店老板已转身走进了熙熙攘攘的人群中，消失在夜色里。

约翰看着自己失落沮丧的新婚妻子，可是没有丝毫办法。正当他们准备离开时，身后一个老人激动地说："哎呀哎呀，你们别灰心，我告诉你们，这双鞋子还有别的地方可以买到，而且比这双还漂亮！来来来，快跟我来！"然后不由分说地拉着他们走进一条巷子。约翰还在半信半疑，这位穿着白色大衣的老学者，着装看起来像是个科学家，为什么会做鞋子的手艺呢。

不一会儿，他们来到一间"3D 打印工作室"。约翰："啊！原来是 3D 打印！怪不得了，我早就在新闻里听说过这个了！"

屋子里的摆放其实十分简洁，只有一台计算机，一堆形形色色的原材料，以及大大小小一共四五台 3D 打印机，小的和桌面传真机一样大，再大一点像复印机大小，也有和衣柜一样大的。老学者边招呼约翰和玛丽进来，一边开始介绍："这里是一间 3D 打印的工作室，摆放出来的都是 3D 打印机，根据不同的原材料选用不同的打印机。你看中的那双鞋子啊，我这里的设备就可以制作得出来。我这里也刚好有数字模型，而且啊……"

"数字模型？"约翰和玛丽听着老学者滔滔不绝地介绍着，有些跟不上节奏了。

"数字模型就是制作高跟鞋要用的模板，电脑里的数字模型是什么样子的，制作出来的高跟鞋就是什么样子的。因为，3D 打印技术能做到精确的实体复制。"

老学者接着说："3D 打印技术还有无限的设计空间。和传统依靠模具的制造方式不同，3D 打印技术可以突破设计局限，开辟巨大的设计空间，甚至可以制作目前可能只存在于自然界的形状。"

在工厂里上班的约翰忍不住插嘴："模具我也知道，可是 3D 打印我就不太懂了，只是为了制造一双鞋子，难道成本不会高得离谱么？"

老学者轻轻一笑，说："年轻人，这就是 3D 打印技术神奇的地方。用 3D 打印技术制造多样化产品是不需要增加成本的，一台 3D 打印机可以打印许多形状，它可以像工匠一样每次都做出不同形状的物品。而且，因为它不依靠模具，制造复杂结构的物品也不会增加成本。同一种材料打印出来是一体化成型的，不需要组装。"

"可是，那个高跟鞋由好几种材料构成啊。"约翰问。

"没错，对当今的传统制造机器而言，将不同原材料结合成单一产品是件难事，因为传统的制造机器在切割或模具成型过程中不能轻易地将多种原材料融合在一起。但是，随着多材料 3D 打印技术的发展，我们已经有能力将不同原材料融合在一起。多种的材料、多种的样式、多种的颜色，想要什么就打印什么！"老学者说起 3D 打印技术，满满的自豪感。

"这台机器这么小，要做一双鞋子一定很慢吧？老先生，后天我们就要离开天堂岛了，来得及么？"玛丽说出了她的担心。

"3D 打印技术可是零时间交付的，按需打印，现在马上就可以开始做。你别看 3D 打印机个头不大，比工厂车间里的机器小上好几倍，可是也很高效呢。3D 打印机就是不占空间，便携制造。姑娘你就放心吧，等一会选好了模型，马上就开始打印，明早就送到你手里。"

约翰在旁边认真地看着 3D 打印机工作，觉得非常不可思议："亲爱的，你看，只要在计算机上设计好数字模型，3D 打印机就能自动地制作出来，全自动化的，太不可思议了。我觉得我这个没学过怎么做鞋子的人，都可以用 3D 打印技术给你做出一双漂亮的高跟鞋呢！而且这机器没有什么废弃的副产品，用料十分节约，太环保了！”

在几分钟愉快的交谈后，三个人一同走出了工作室，留下屋里的机器不停地工作。第二天，天堂岛天堂镇上的居民都把玛丽叫作：那个穿着“七彩水晶鞋”的姑娘。

这就是神奇的 3D 打印技术的故事，还有不要忘记了它 10 项被人津津乐道的优势：

- 精确的实体复制。
- 设计空间无限。
- 产品多样化，不增加成本。
- 制造复杂物品不增加成本。
- 无须组装。
- 材料无限组合。
- 零时间交付。
- 不占空间，便携制造。
- 零技能制造。
- 减少废弃副产品。

神笔“打”出新蓝图

从第一台 3D 打印机发明以来，到现在已经过去 30 年了。“打印立体实物”从想法、概念变成了现实，从生产到科学到艺术，方方面面都获益于这一技术的日渐进展。3D 打印技术有那么多的优点和优势，在现代的各个行业和领域中受到广泛的应用，像是一支握在制造商手中的神笔，在计算机里绘制新奇、多样、复杂的新产品，通过 3D 打印机将其制造出来。

那么 3D 打印技术适用的范围是什么呢？

在工业化社会，传统制造业追求快速、大批量、低成本、高质量地制造产品。但是，这样的制造模式，对那些需求个性化、设计极其复杂的小批量产品却无从下手。

在国外，一个小男孩因为先天性的发育缺陷，右手、手腕、前臂缺失，他的父母心急如焚，拜访了全国许多儿科、骨科的名医，却都束手无策。主要的原因并不是病情复杂，也不是手术难度大。而是市面上没有符合患儿尺寸的义肢卖，如果要等到患儿长大一些再做手术，不仅错过了动作学习、锻炼的最佳时机，而且会给他带来沉重的心理负担。后来，在儿科医生、骨科医生、3D 打印工程师的共同协作下，为小男孩设计制作了一款符合他尺寸的义肢，可以根据肌肉活动控制义肢的指、掌、腕活动，连抓、拿、推、拉等动作也能轻而易举地完成。为小男孩的成长带来了一丝光明和慰藉。

这就是体现 3D 打印的价值地方，因为源于计算机中的数字文件，所以可以精确地控制实物的复杂结构，也可以更改细节元素达到个性化定制的效果。对于小批量生产的产品，3D 打印不同于传统机械生产，不需要模具，不需要生产线，按需打印即可。

那么 3D 打印技术适用于什么领域呢?

说起 3D 打印技术，不得不提到的就是它在工业领域的应用，在产品的原型开发方面，它帮助工程师们设计、改良产品，而且在模具制造和精密铸造方面，3D 打印技术也是屡建奇功。在比较前沿的领域，有利用 3D 打印研发无人机和飞机零部件的研究，也有用 3D 打印制造新能源汽车整车的尝试。

随着科技的进步，更多的材料被应用在3D打印中，除了常见的高分子合成材料、光敏树脂、工程塑料、金属粉末、陶瓷粉末，近年来还研发了可用于生物组织修复的凝胶材料，可随着时间变化改变物理结构的4D材料等。渐渐地，我们生活中各种领域常用到的材料物质，都将能被制作成3D打印耗材。

基于这些不同的材料，用混凝土来3D打印可以做出和现实一模一样的房子，有墙有瓦，可以遮风挡雨，而且建造快速，可作救灾应急庇护用途；用活细胞来3D打印可以培育出具有生物活性的人体器官，和“克隆”出来的相差无几，在疾病、创伤等医学研究上大放异彩；用布料、纤维来3D打印可以制作衣服饰品，既贴身舒适，又时尚光鲜；用食材来3D打印可以制作可口美食，巧用环保食物原料，既营养又经济。

这么多行业都能应用到3D打印，真是让人眼花缭乱、目不暇接，相信随着3D打印技术更加成熟，依托信息技术、材料科学、精密机械等多个学科领域交叉合作，未来会在更多领域大显身手。

3D打印的玻璃杯

玻璃杯是我们日常生活中再常见不过的物品了，但其实小小一个玻璃杯，越是精美，里面包含的学问越大，包含了越多工匠的苦心。一个玻璃杯往往要在600℃的高温下经过撑丝、吹球、开口、接口、封底、退火等一系列操作，才能成为我们手中的玻璃杯。那么要制作一个精美的玻璃杯得费不少工夫吧？在以前，可能是的，但是有了能打印玻璃的3D打印机，就变得简单多了。

美国麻省理工学院发明的玻璃 3D 打印机，在约 1 000 ℃的高温下工作，可以精确地控制玻璃的透明度、颜色、厚度、形状等参数。这项发明打破了传统玻璃手工艺制作的局限，也许未来，应用这一技术，更多形态、更复杂形状的玻璃制品将出现在人们的视野中，而且物美价廉，还可以通过自己设计获得专属的个性化玻璃制品。

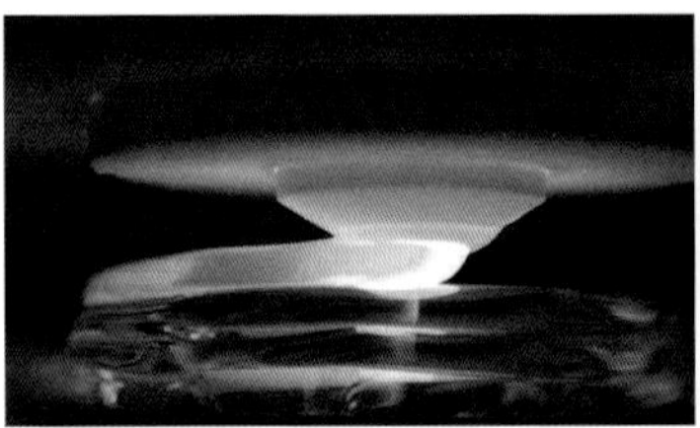

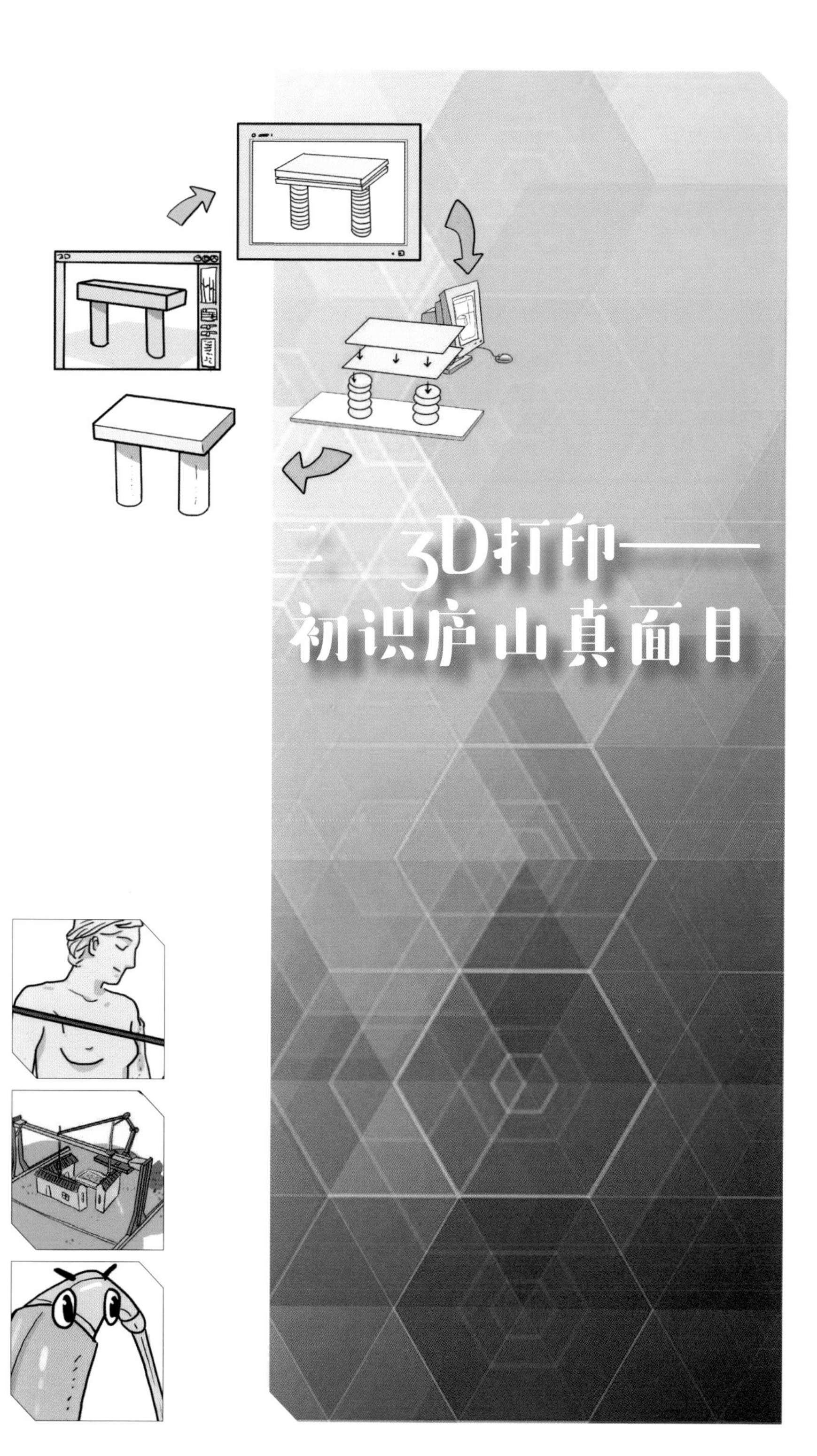

二　3D打印——初识庐山真面目

1 走近 3D 打印

现在再说到 3D 打印技术，相信大家一定不陌生了吧，尤其这几年里，3D 打印风风火火的被各大媒体频繁报道。但大家知不知道，3D 打印不算是一个新技术，三十多年前 3D 打印技术就已经开始酝酿。从 20 世纪 80 年代诞生到现在，3D 打印技术经历了几十年的发展，现在已经成为广大设计人员的有力工具和很多设计领域的重要标准。

你想知道 3D 打印技术是怎么来的吗，我们一起来看一下吧！

从古到今，化繁为简

（1）3D 打印早期阶段

1986年，美国科学家 Charles Hull 利用一种叫光敏树脂的液态材料，这种材料具有被一定波长的紫外光照射后立刻变成固体的特性，凭借这种光固化技术 Charles Hull 发明了世界上第一台 3D 打印机。

1987 年，DTM 公司（现在为 BFGoodrich 公司的附属公司）开发了选择性激光烧结（SLS）技术。该技术专门用于制作复杂材料薄片，利用激光光线集中并且穿透性差的特点进行模型的炮制加工。DTM 公司把 SLS 技术进行了商业化应用。

1988 年，3D Systems 公司开发出 SLA-2502 设备，并向公众出售。同年，Scott Crump 研发了熔融沉积成型（FDM）技术，并于 1989 年成立了 Stratasys 公司。

随后在 1991 年，Helisys 公司售出了第一台分层实体制造（LOM）系统。大致的制作思想为层层堆砌，层层加工，层层雕琢，最终将所有层面整合在一起形成成品。分层制造技术是以后 3D 打印技术的基础。

1992 年，Stratasys 公司售出了首批基于 FDM 的“三维建模”机器。同年，DTM 公司售出了第一个 SLS 系统。三维建模是人类首次将数码科技和传统印刷技术结合的新科技手段。

1993 年，麻省理工学院获得了“三维打印技术”的专利，当时的这一技术类似于二维打印机中使用的喷墨印刷技术。

到了 1995 年，麻省理工学院研发出了粉末层和喷头 3D 打印（3DP）技术，Z 公司从麻省理工学院获得了独家使用“三维粉末黏接（3DP）”的授权，并在三维粉末黏接技术的基础上开发了 3D 打印机。

延伸阅读

史上首台 3D 打印机 SLA-1 入驻美国国家发明家名人堂

3D 打印技术诞生之初，打印设备的产品数量很少，甚至当时还没有“3D 打印”的名字。1986 年，美国科学家

Charles Hull 研制出的 SLA-1 是世界上第一台符合 3D 打印这个概念的打印机器，其功能描述为快速成型这就是世界上的第一台 3D 打印机。

Charles Hull 在发明立体光刻（SLA）3D 打印技术的同时还共同创建了 STL 文件格式，如今 STL 文件已经成为最常见的 3D 打印文件格式。

正是 Charles Hull 的这一创举，使 3D 打印逐渐走进工业制造中。2015 年 6 月 10 日，美国国家发明家名人堂宣布，他们已经收藏了由 Charles Hull 在 1983 年发明的那台 3D 打印机 SLA-1。如今来名人堂的参观者不仅能够看到 Charles Hull 的半身像，还能一睹人类历史上第一台 3D 打印机的风采。

(2) 3D 打印中期阶段

之前的技术都只能算是 3D 打印机的开山鼻祖，在 1996 年，3D Systems 公司推出 Actua 2100 快速成型机。同年 Stratasys 公司推出 Genisys，Z 公司推出 Z402，第一次使用了“3D 打印机”的称谓。

3D 打印机在 2004 年之前精准度都不是很高，而且只可以打几种比较单调的标准色彩，但是到了2005年，Z公司推出SpectrumZ510。这是市场上第一台高精度彩色3D打印机。

2005年后，人们又将眼光投向智能打印。2006年，RepRap开放源码项目启动，其目的是开发一种能进行自我复制的3D打印机。2008年，第一个版本的RepRap机推出，它可以打印约50%的该机的自身部件。同年，Objet Geometries公司宣布推出革命性的Connex500快速成型系统，这是有史以来第一个能够同时使用几种不同材料的3D打印机。

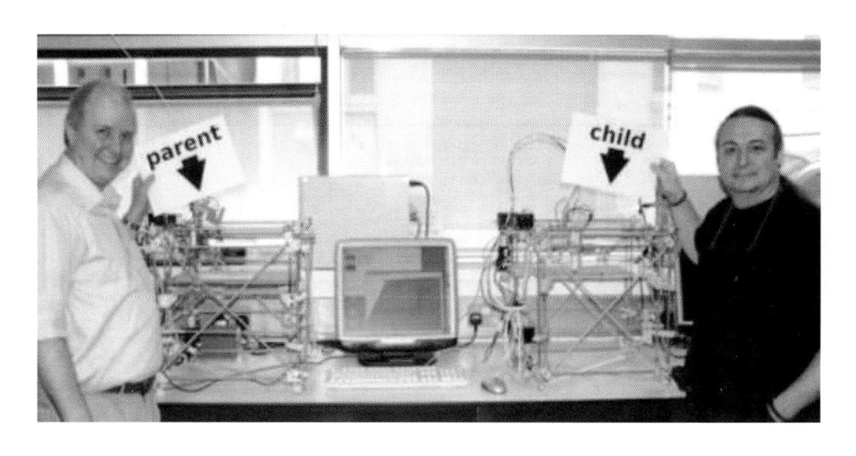

（3）3D打印成熟阶段

2012年，74岁的Charles Hull一手创办的3D Systems公司创造了业内3D打印机最高销售业绩——2.9亿美元，这一业绩有力证明了3D打印的价值及其十分光辉的应用前景。

2012年11月，苏格兰科学家利用人体细胞3D打印出人造肝脏组织。该举措意味着3D打印技术的运用将为医学治疗提供新手段、新技术和新思路。

2013年3月，美国波士顿企业发起了一个项目，为全球第一款3D打印笔3Doodler募资。

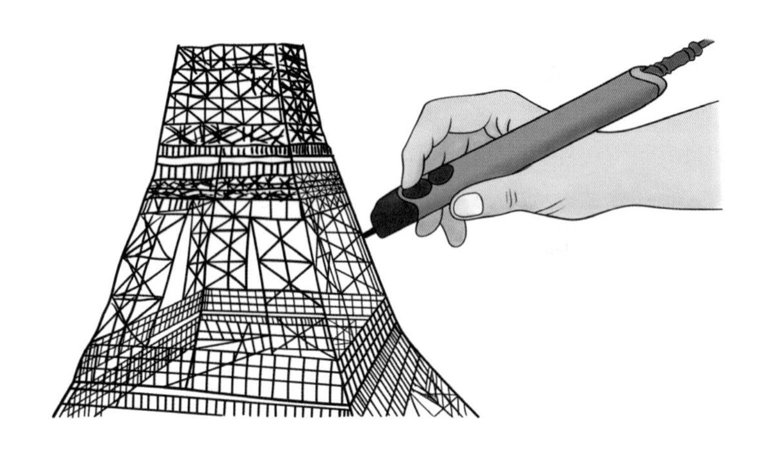

2013 年 11 月，美国得克萨斯州奥斯汀的 3D 打印公司“固体概念”(SolidConcepts) 设计制造出 3D 打印金属手枪。毫无疑问，3D 打印将为军事武器的制造提供不少力量，但 3D 打印产品的社会安全性引起了民众的广泛讨论。

2013 年，北京大学第三医院骨科刘忠军带领的团队在脊柱及关节

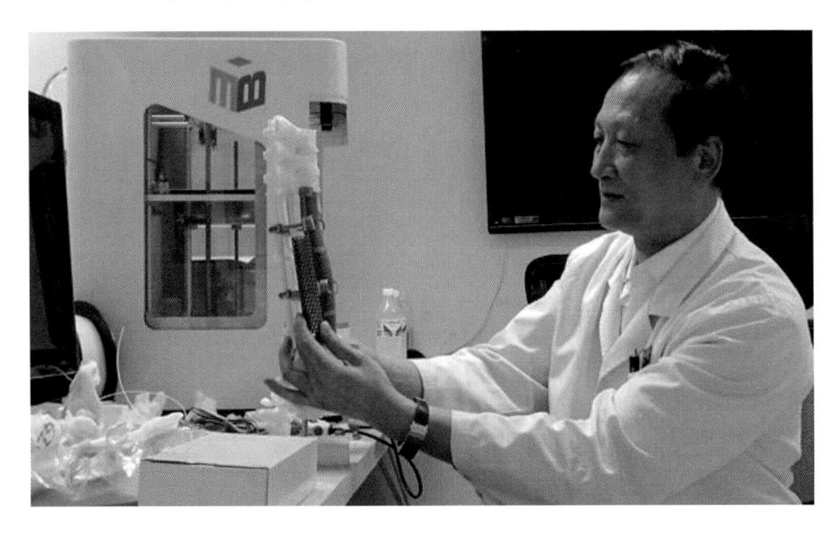

外科领域研发出了几十个 3D 打印脊柱外科植入物，这意味着人类具备“钢筋铁骨”能力的时代到来了！时至今日，这一技术愈发成熟。

2014 年年中，美国国家航空航天局 (NASA) 喷气推进实验室的科学家开发出一种新的 3D 打印技术。有了这种全新的技术，科学家们可在一个部件上混合打印多种金属或合金，解决了长期以来飞行器，尤其是航天器零部件制造所面临的一大难题。

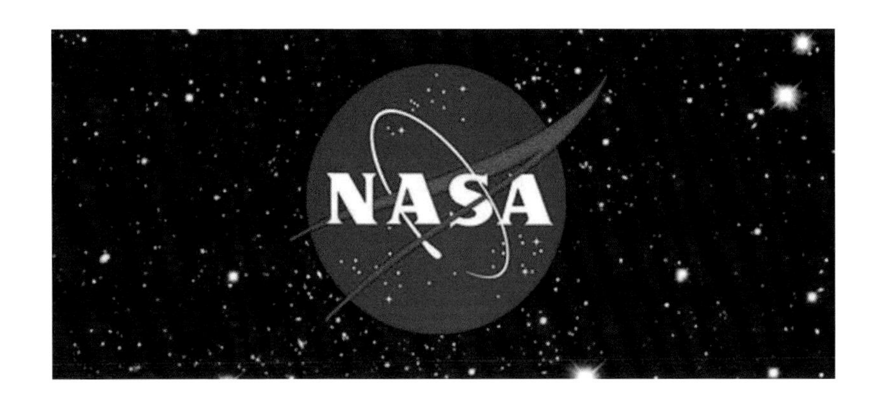

2015 年，3D 打印技术又运用到了微观世界，为科学家研究粒子运动提供了技术手段。迄今为止，科学家们已经能够在肉眼可见的宏观泵的帮助下驱动粒子运动，不过它们都很笨重，在最小化时并不能很好地工作。然而在 3D 打印技术的帮助下，上海交通大学张何朋教授带领的团队，通过在一个微观的 3D 打印结构中嵌入一系列的细菌，他们创造了一个非常小且具有通用性的微观泵，借助微观世界的居民——能动菌，开发出了一种功能性的替代装置。这些细菌的了不起之处不仅在于其所存在的介质，而且它们在运动方面比人造的电机系统更加高效。此次突破的意义在于，不仅解决了微观世界中的一个典型挑战——运动，而且为高效地运输粒子、药物等微观物质打开了大门！

从线到面，从面到体

3D 打印技术以数字模拟文件为基础，运用粉末状金属或塑料等可黏合材料，通过逐层打印的方式来构造物体。

3D 打印的原理和传统打印机工作原理基本类似，一点也不复杂。传统打印机是只要轻点电脑屏幕上的“打印”按钮，一份数字文件便被传送到一台喷墨打印机上，它将一层墨水喷到纸的表面以形成一幅二维图像。3D 打印机则将空间维度上升到三维空间，首先将物品转化为一组 3D 计算机数据，然后打印机开始逐层分切，针对分切的每一层构造，按层次打印。打印时，粉末耗材会一层一层地打印出来，层与层之间通过特殊的胶水进行黏合，并按照横截面将图案固定住，反复一层一层叠加起来，就像我们坐在海边用沙子堆砌城堡一样。经过分层打印、层层黏合、逐层堆砌，一个完整的物品就会呈现在我们眼前。

等材制造、减材制造和增材制造

2015 年 8 月 23 日，李克强总理在主持国务院专题讲座上，讨论了加快发展先进制造与 3D 打印技术，实现制造方式从等材、减材到增材的重大转变。那么什么是增材制造呢，这种制造技术和传统制造工艺有什么区别呢？我们来一起了解一下。

人类社会经过几千年漫长岁月的发展，制造方式也先后经历了等材制造、减材制造、增材制造的三个阶段。等材制造，是指通过铸、锻、焊等方式生产制造产品，材料重量基本不变，这种制造方法已有 3 000 多年的历史。减材制造，是指在工业革命后，使用车、铣、刨、磨等设备将一块材料不断切割、打磨，使之呈现出精细形态，这已有 300 多年的历史。增材制造则是以自下而上、层层堆积、积少成多的方式，使材料一点一点累加，形成需要的形状，这一技术自 1986 年发明至今已有 30 多年的历史。

增材制造不仅是一种先进的制造技术，它还将对现有的设计理念、生产方式和商业模式产生冲击，使得制造和设计被整合在一起成为“精品设计”。增材制造的理念，将不仅仅局限于制造业，服务业等其他行业也会借鉴、发展。

"打"破想象力的局限

3D打印机的大家族

3D打印机如此神通广大，堪比传说的马良神笔，那它到底长什么样呢？是不是有着三头六臂？现在就让我们把它的神秘面纱掀开吧！

从外形上看，市场上的3D打印机应该是三角形结构或者矩形结构的。

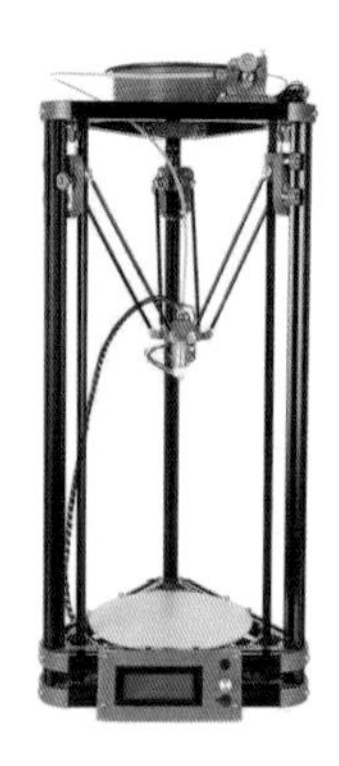

虽然它们看起来很不一样，但是都只有一个目的——让设备不易变形，维持机械结构。我们有一句古话，叫作"字如其人"，要想写出苍遒有力的字，我们的身板也得有一身的硬气才行。3D打印机也是一样的道理，有了稳固的结构，才能打印出符合我们要求的成品。

想要得到理想的产品，光有刚硬的身板可还不够，还需要灵活的四肢，这个叫作机械轴（axis）。它们可以沿着X、Y、Z三个轴的方向运动，把我们的"笔"精确定位（X、Y轴保证在平面上的定位，Z轴保证在空间上的定位），能让我们的产品更加精细，质量更高。除此之外，从图中我们还可以发现，3D打印机中间有一块板，那是工作台——生产3D

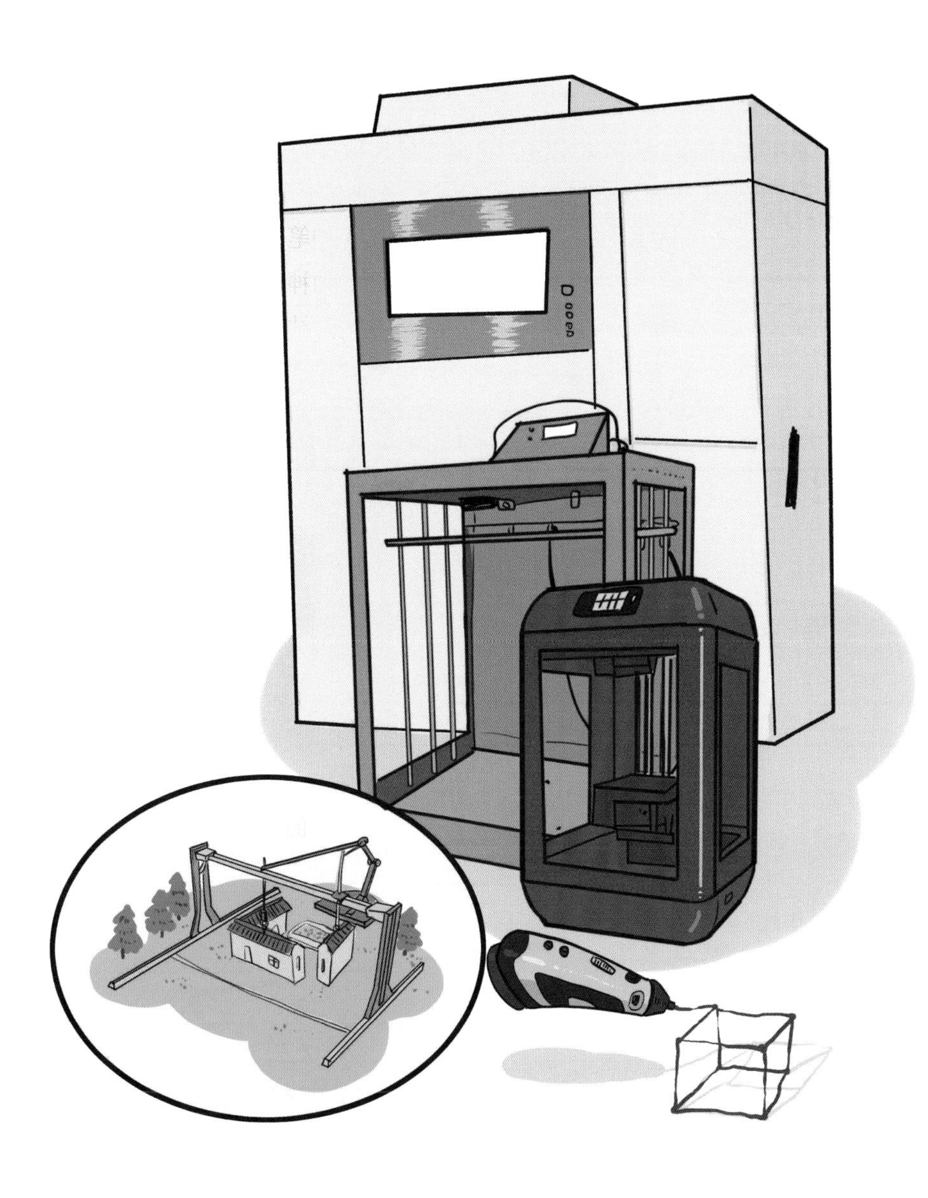

产品的地方。

一般来说，机械轴分为 3 种类型:

(1) 直角坐标型

根据笛卡尔坐标系来定位，即 *X*、*Y*、*Z* 轴成互为直角样子的，*X*、*Y* 轴通常是由同步带接步进电机来定位的，Z 轴则是由丝杆控制的。

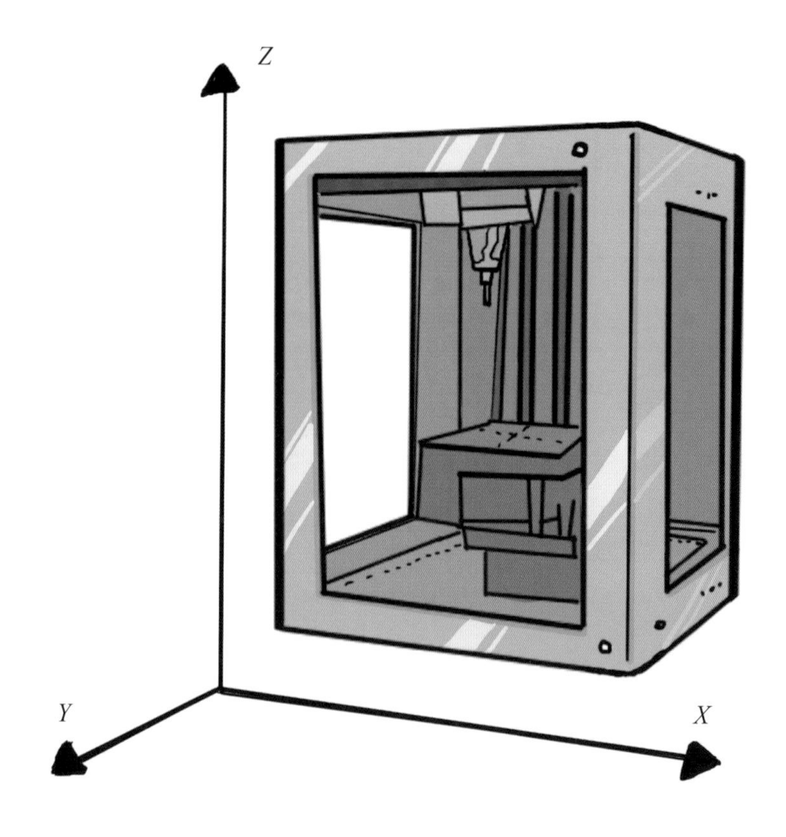

(2) 三角爪型

其数学原理是跟直角坐标型一样，用笛卡尔坐标系原理，只是将 *X*、*Y* 轴通过三角函数来映射到三个爪的位置上。

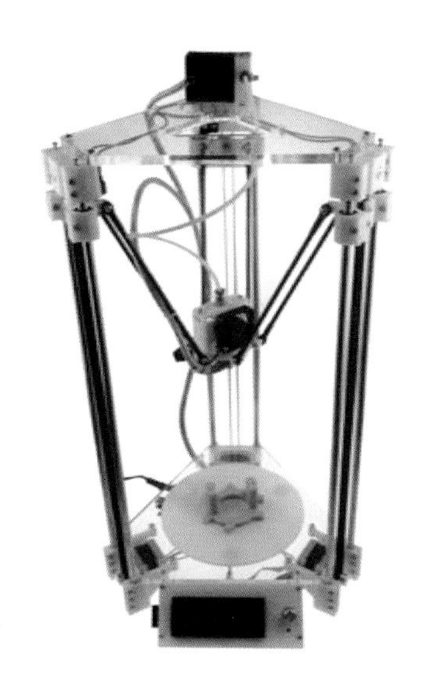

（3）舵机转动型

将一个二维平面中的 X、Y 轴通过极坐标的方式来表现。

从理论上来说，不论是笛卡尔坐标系还是极坐标系，所表示空间中的一点都是一样的，也就是说，这些打印机的打印精度是一致的。

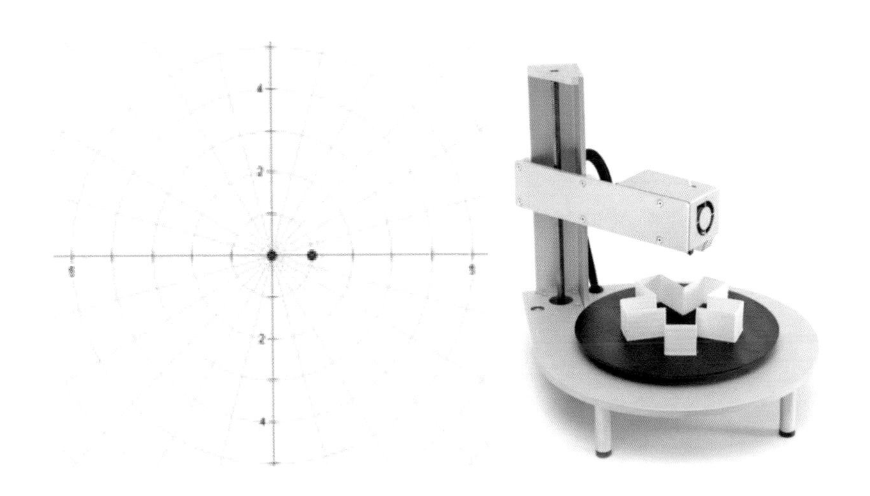

小知识

象棋中的笛卡尔坐标系

喜欢下象棋的朋友除了精通棋艺策略，也会对笛卡尔坐标系十分熟悉，原来象棋的四方棋盘就可以看作是互成直角的X、Y轴，用象棋的术语结合笛卡尔坐标系，就可以很好地表示每一步棋子的移动。

像是下图这一步棋，我们知道红方这个叫作“当头炮”，但是用棋谱术语来说，也可以说是“炮二平五”。什么意思呢，我们看到在棋盘的两边有汉字和阿拉伯数字标注的编号，其中红色棋子的位置就用汉字数字来表示棋子所在的列数，黑色棋子的位置则用阿拉伯数字来表示棋子所在的列数，就像是笛卡尔坐标系中的X轴。而“炮二平五”的意思其实就是位于第二列的“炮”横向移动到第五列的位置。如果是纵向移动呢，则用“炮八进二”来表示位于第八列的“炮”向前前进两格，就如同是在笛卡尔坐标系中沿Y轴运动。

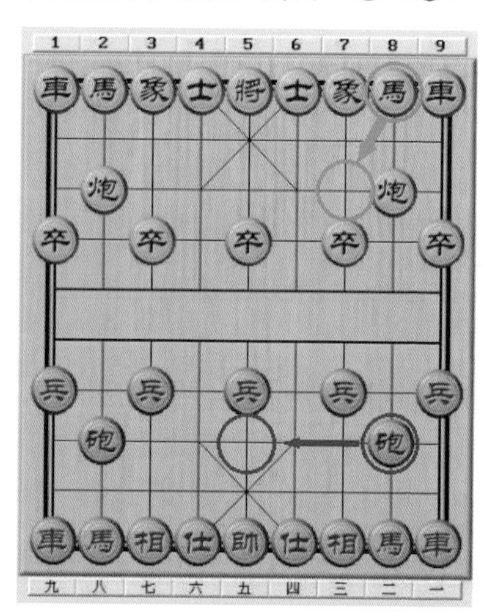

那么黑色方为了防守“当头炮”，可以“马8进7”。这又是什么意思呢？我们都知道马走日、象走田，“马”在象棋中是不能横向地移动的，所以“马”的移动只有前进和后退，在这里，位于第8列的“马”只能走“马8进7”或者“马8进9”，意思是位于第8列的“马”前进到第7列或者第9列。同样的棋谱命名方法还适用于“象”“士”。

这样一来，3D打印机的框架齐全，有了四肢躯干，还需要会思考的大脑。为了能让3D打印“智能化”，我们在3D打印机的电子部件中安装了一个单片机，这与我们人体的大脑功能类似，可以向其他部位发出指令。然后，还建造了一条传导通道——步进电机驱动器，类似于神经，用于把“大脑”的指令传达到四肢，使它们按照计划工作。同时，我们还在3D打印机里加入了场效应管，它不仅可以放大信号，即让“大脑”发出的指令更加清楚、准确地到达作用部位，还能保证整个系统的安全，防止设备的损坏。

工欲善其事，必先利其器。有了机器的机械轴，似乎还缺点东西。缺什么呢？对，缺了负责打印的喷头和盛装“墨水”的挤出机。在实际安装3D打印机的时候，喷头和挤出机之间的距离比较远，是为了提高打印精度，尽量减轻喷头的重量，把材料挤出机放在机身上，喷头到挤出机之间则用一种聚四氟乙烯管的材料作为导管。这样就达到了减轻喷头重量的目的。

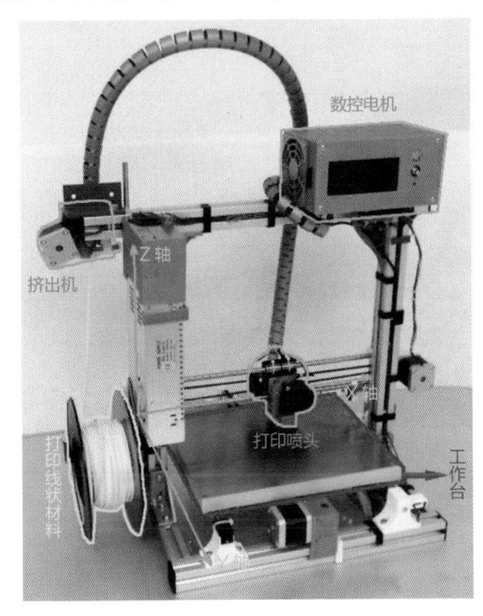

接下来，为了带来更直观的了解，我们来看一看这台常见的3D打印机，是不是都有我们说到的这些结构呢？

延伸阅读

个人级 3D 打印机爆发式增长

长期以来，3D 打印机的体积都是十分巨大的，如冰箱、衣柜，甚至有房间那么大，寻常百姓家可见不到这个庞然大物，它们一般都待在工厂、车间、研究所里。后来，随着技术的改良和设备的优化，3D 打印机不仅仅局限于工业级的魁梧身材了，小巧轻便的个人级、桌面级 3D 打印机变得和普通的喷墨打印机一样大小，放在家里、放在办公桌上一点也不碍眼。

全球最具权威的 3D 打印行业研究机构 Wohlers Associates，将售价低于 5 000 美元的 3D 打印机定义为个人级 3D 打印机，用于区别售价高昂的工业级 3D 打印机。根据 Wohlers Associates 不完全统计，2008 年个人级 3D 打印机的销量还不到 400 台，而 2013 年销量则超过 7 万台，同比增长

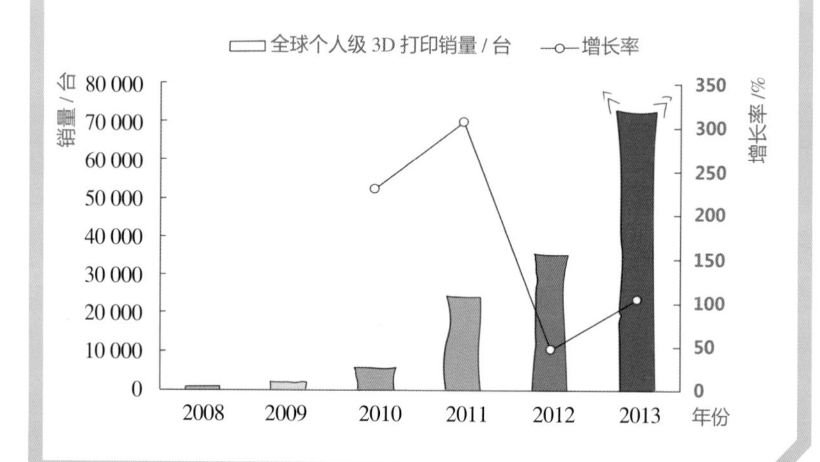

104%。在销售额上，达到 8 760 万美元，同比增长 116.7%。

个人级 3D 打印机得到了越来越多人的关注。现在，如果你想购买一台个人级 3D 打印机，可以网购，也可以亲临电脑城商场，和购买电脑、相机等数码产品并没有多少区别。价钱也在一千元到几千元不等。可能不久以后，3D 打印机会和喷墨打印机一样变成常用的家庭办公用品，再过一段时间，可能还会有类似文印店的 3D 打印店呢。

只要你能够想得到

3D 打印机还没有聪明到自己想到什么就画什么。而且，它只听得懂一种“语言”——STL 格式的语言。所以，我们不仅要告诉它应该画些什么，还要用它能听得懂的话告诉它应该画什么。因此，我们专门开发了一种与它交流的方式。

这个过程看起来挺简单，只要把 3D 模型建立好，剩下的操作都是点击几下鼠标就可以完成的了。

小 知 识

3D 打印机能听懂的语言——STL 格式文件

我们知道如果要打印一份文档，我们会用到 TXT、DOC 格式，如果要打印一张图片，可能用的是 JPG、PNG 格式，那么你知道打印立体实物，要用什么文件么？

最基本的文件格式，就是 STL 格式。STL 是一种用于表示三角形网格的文件格式，就如下面这尊圣洁美丽的仙女雕像，其实它的模型是由上千个细小的三角网格围成的。

仅仅用一些三角形就能拼出复杂的图案，STL 格式一定很复杂吧？其实刚好相反，STL 格式十分简单，而且只能描述三维物体的几何信息，不支持颜色、材质等信息。在绘制立体模型的软件中，一般都带有生成 STL 文件的功能。

但问题是，我们该怎样建立3D模型呢？现在有3种方法供使用：

一种是使用3D扫描仪，即对立体实物进行测量或扫描，生成这个立体实物的3D模型。这种方法是最直接的，市面上常见的非接触式3D扫描仪会将激光投射到物体表面，根据激光的反射光判断物体的形态信息和位置信息。把被测物的不同角度全面扫描后，我们就能在电脑上得到被测物的3D模型啦。

延伸阅读

3D扫描还原“中国第二敦煌”

历史文物和文化遗迹是古人们的智慧结晶，由于文物本身的脆弱和独特，实施文物保护，建立文物档案有着非常重要的意义。

以文物保护为目的的测绘要求准确地反映文物建筑的现状，手工测绘难免出现测量误差和细节丢失。而3D扫描的出现则巧妙地解决了这个问题，2011年，上海团队开始进行新疆龟兹洞窟数字化与还原保护工程项目。经过六年的实地勘察测和不懈努力，上海团队在2017年的第二十三

届中国兰州投资贸易洽谈会上，带来了克孜尔 14 窟的虚拟 VR 展示，只要佩戴上 VR 眼镜就能“身临其境”探访石窟——数字印刷技术让文物“活”了起来。

3D 扫描技术修缮残旧、受损的文物，更好地秉承了历史原物的独特风格，重现了新疆龟兹洞窟的建筑形式、空间格局、材质色泽和构筑细部。虽然说修复后的文物说不上是“真迹”，只能算“赝品”，但复制品已经可以做到以假乱真了，对游客的游览几乎没有影响。

小知识

让自己的手机变成 3D 扫描仪

3D 扫描仪有很多种品牌和型号，有些型号价格不菲，在缺乏设备的条件下，我们其实还可以自己 DIY 一台 3D 扫描仪。需要的材料是一台照相设备，可以是我们的手机或照相机，还有就是电脑软件 Autodesk 123D Catch。

这个软件使用非常方便，只需导入数张同一个物体不同角度的照片，导入的图片格式可

以为 JPG、JPEG、TIF、TIFF 四种格式。

计算机经过云平台计算，会自动生成这个物体的 3D 模型。

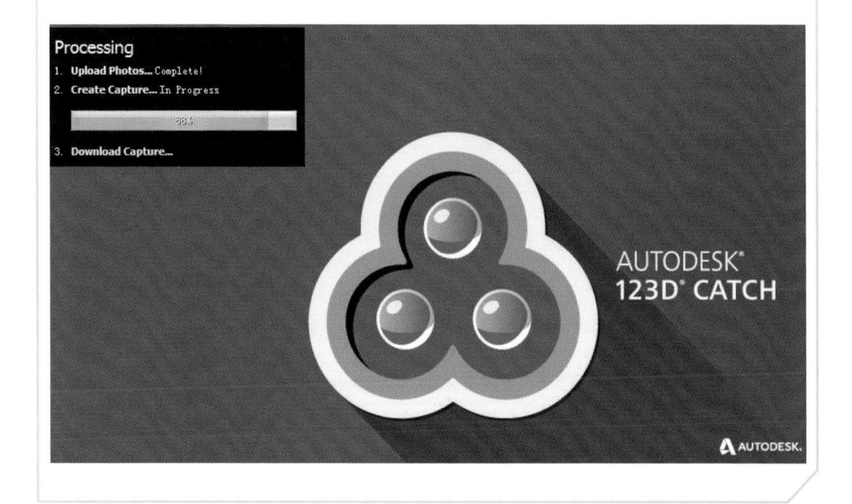

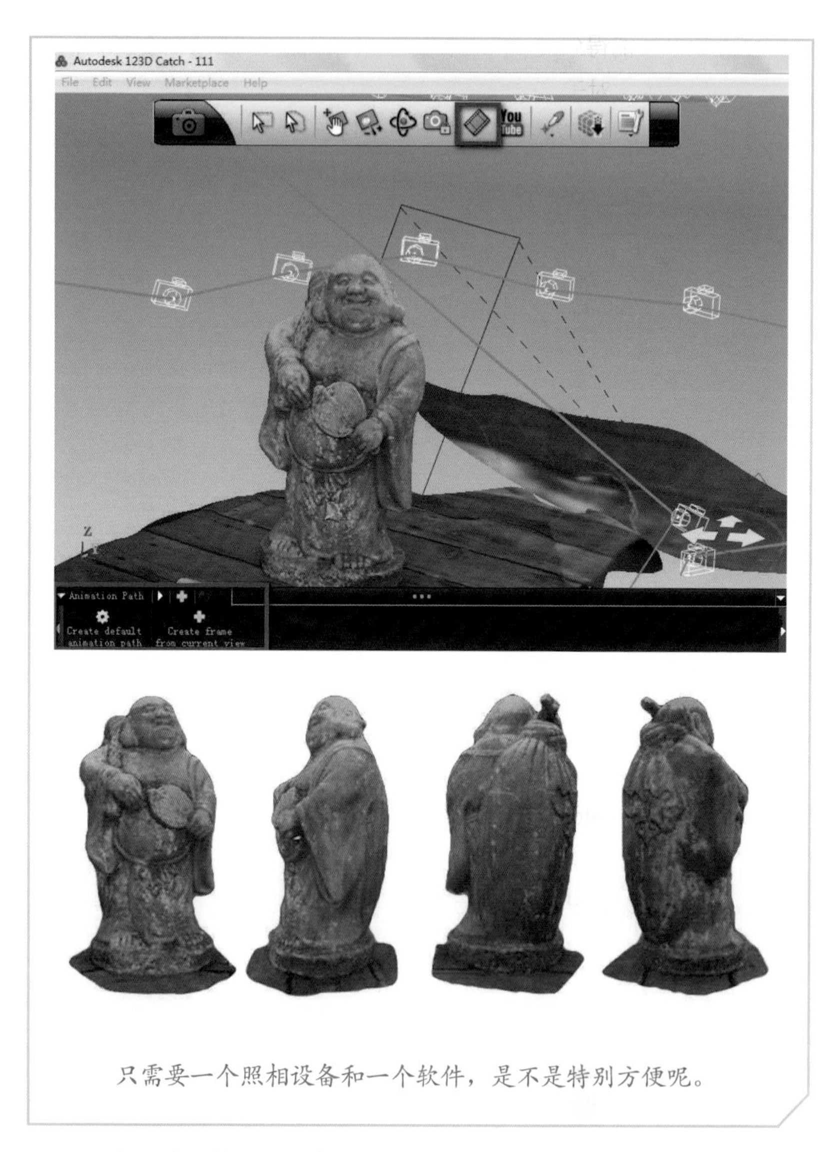

只需要一个照相设备和一个软件，是不是特别方便呢。

另外一种则使用 3D 建模软件，如 UG、SolidWorks、Pore 等，直接在电脑上绘制出想要的模型。而这些方法，都要求设计者需要有一定的软件基础，才能得到想要的3D模型。复杂的3D建模软件可不是那么容易搞明白的，对于初步接触3D打印的“小白”们，有没有更简单的方法呢？其实除了软件客户端，在互联网上还有一些开源的在线CAD设计网页，可以满足基本的设计需求，而且操作简单容易上手，可以直接在网页上完成3D建模。

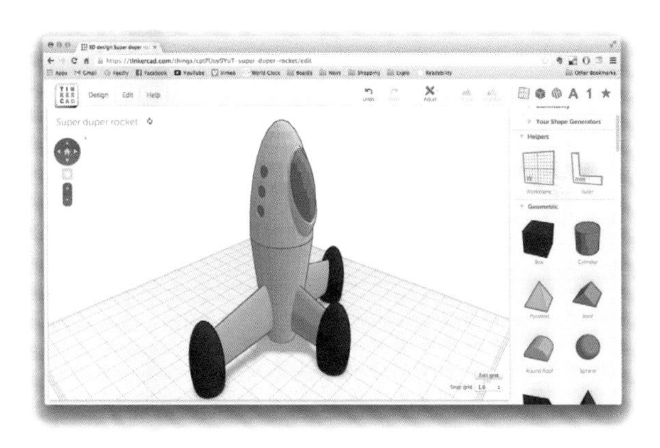

参考链接：

http://www.tinkercad.com/

http://www.3dtin.com/

http://www.sketchup.com/

此外，还可以在互联网上的模型数据库里下载别人制作好的3D模型，国内外有许多网站都免费提供了这项下载服务。

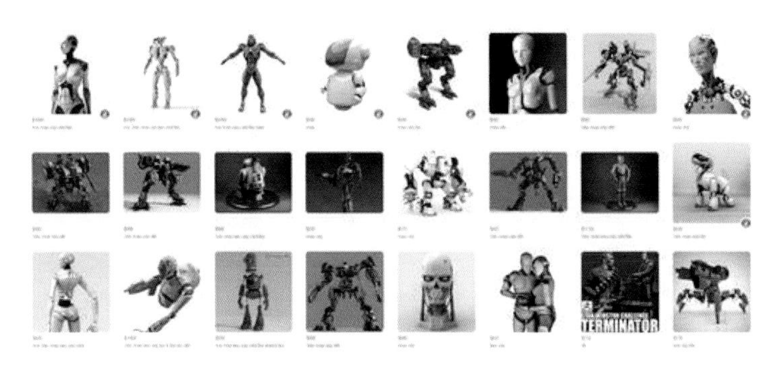

参考链接：

http://www.3ddayin.net/soft/（中国3D打印网）

http://www.3dxia.com/（3D侠模型下载网）

http://tf3dm.com（TF3DM）

是不是非常的方便呢？下面是两个3D打印的成果，3D打印房间和世界上最小的3D打印魔方，一大一小之间，尽显3D打印的无穷魅力！

对于饱经沧桑、古色古香的历史文物，我们单凭建模软件中的几何算法，难以重现它的古朴雅致，但3D扫描仪就可以仿造得惟妙惟肖。想要设计一间别出心裁的居室，那就别想着用3D扫描来模仿或是在网上找现成的图纸了，用建模软件自己动手，既能总揽全局又能把控细节。只是有时思绪枯竭了，又嫌动手建模太烦琐，看一看网上的模型库，不乏世界各地3D打印高手制作的精美三维模型。

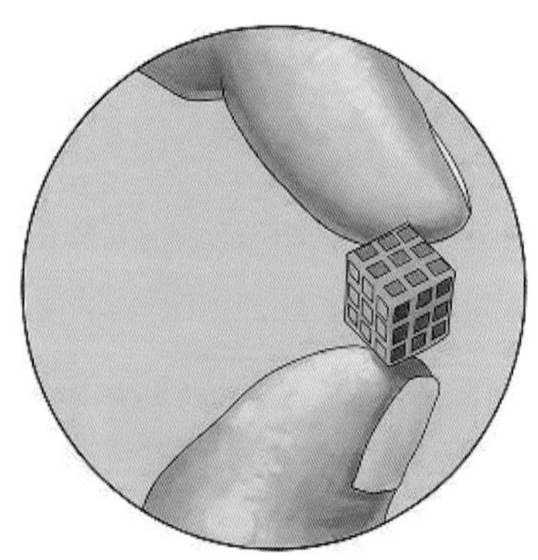

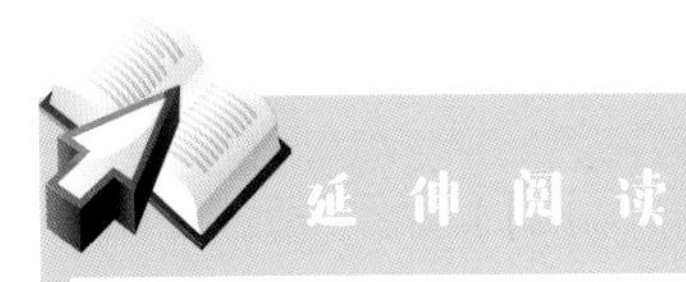

3D打印制造定制助听器

你知道助听器是怎么制造的吗？助听器行业要求其产品可以进行特定定制，因为成功的助听产品严重的依赖于它对患者外耳结构的适应。但外耳的大小形状因人而异，工厂可不会大规模地生产某一个人的耳朵模型。因此，这就要求用到3D打印技术。利用选择性激光烧结来生产助听设备，过程如下：

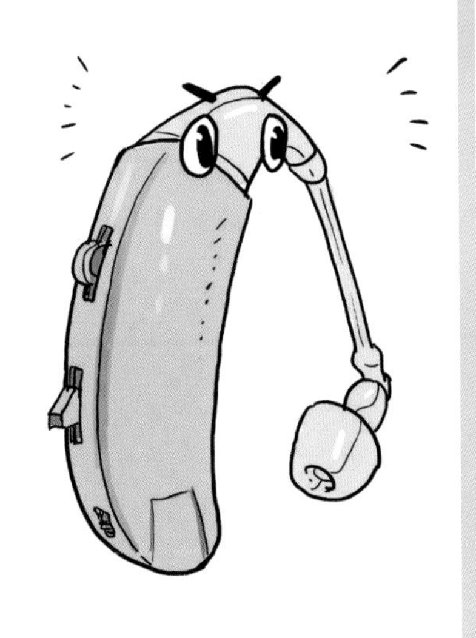

（1）用蜡铸件制作一个外耳结构的复制件。

（2）用扫描仪扫描这个蜡铸件来得到三维数据。

（3）在三维数据中加入一个标识码，在激光烧结过程后可以用来帮助辨识。

（4）利用选择性激光烧结3D打印技术制作助听器外壳。

如此这般，一个私人订制的助听器就完成了。

层层剖析造模型

STL格式文件是3D打印机的语言，但就像中文还可以细分成多种方言，或是通过不同的语气和语调来表示。对于3D打印机也是一样，同一个模型，不同的打印温度、打印速度、打印层高，对打印产品最后的成型效果都会有不同程度的影响。

那要怎么才能把说给 3D 打印机的“话”给说得详细明白呢？我们需要把三维数字模型用切片软件切成一片一片的，设置好参数（层高、打印速度、填充密度等）并储存成 GCODE 格式，这样 3D 打印机就能根据你设置的参数来打印了。

当我们用 3D 建模软件构建 3D 模型时，有些软件自带有切片功能，可以输出 GCODE 格式的文件，如 UG、SolidWorks 等。但如果没有切片功能，则需要额外用到切片软件。常用的切片软件有 Simplify3D、Slicer、Cura 等。

下面是 Cura 软件的基本参数界面，我们来看看都有什么参数细节需要我们告诉 3D 打印机。

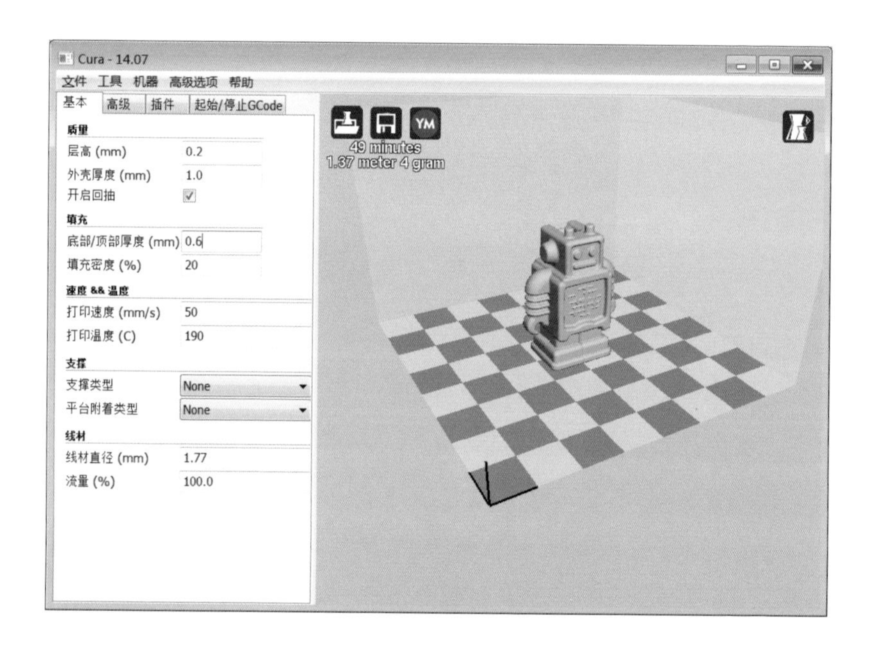

层高：指打印每层的厚度，是决定侧面打印质量的重要参数，一般默认参数是 0.1 毫米。

小知识

层高是怎么影响打印精度的

在了解层高是怎么影响打印精度之前，我们先来看一张图片，显示了打印时不同层高的模型成型后的精细度。

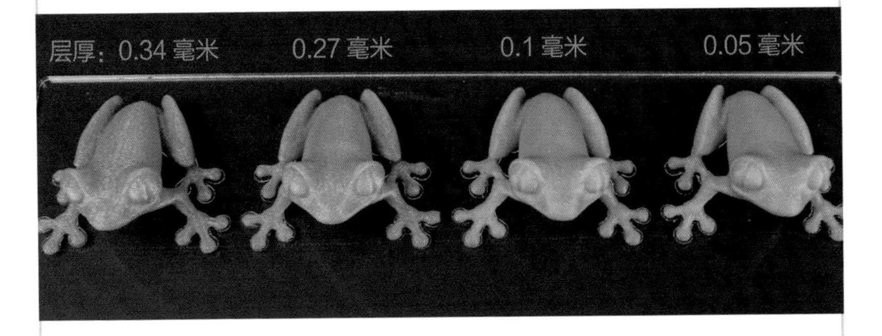

我们可以看到，四个模型中最左侧的模型层高（厚）参数最大，成型精度最低，往右层高（厚）依次减小，模型精度也逐渐提高。可见，层高越小，3D 打印越精细；层高越大，3D 打印越粗糙。

但其实还不仅仅如此，层高也会影响打印速度。假设我们要打印的物体有 3 毫米高，如果层高参数是 0.1 毫米，那么需要打印 30 层；如果层高参数是 0.3 毫米，则只需要打印 10 层。如果打印每层的时间一样，前者的精细度虽然高，但是速度可远比不上后者。

那么 3D 打印模型的精度仅仅是我们设置的层高参数决定的吗？并不完全是，打印精度和 3D 打印机、材料本身也非常相关，需要综合来衡量。而影响 3D 打印机精度的因素很多：

（1）机械部分中的行走系统是否准确合理。

（2）软件控制系统是否合理。

（3）机箱、底座不可以有抖动或者松动现象。

（4）机器框架要坚固。

（5）要选择优质的步进电机和完善的软件技术支持。

以上这些都是影响打印机精度的因素，只有将这些因素综合考虑，才能比较出精度高、稳定性好的 3D 打印机。

外壳厚度：为模型侧面外壁的厚度，默认参数是 1.0 毫米。

开启回抽：指当喷头打印到物体边缘的时候，回抽一小部分耗材，以防止拉丝现象，可以提高物体表面的质量。

底部 / 顶部厚度：指模型上下面的厚度，一般为层高的整数倍。一般默认参数是 0.6 毫米。

填充密度：指模型内部的填充密度，一般默认参数是 20%，可调范围为 0~100%。0% 为全部空心，100% 为全部实心。

打印速度：指打印时喷嘴的移动速度，也就是吐丝时运动的速度。默认速度为 50.0 毫米 / 秒。

打印温度：指熔化耗材的温度，不同材料的熔化温度不同。

添加支撑：3D 打印时给模型添加打印支撑，是维持有悬空结构的模型形态的一个有效手段。如下面这张图，左边的交通锥为了维持悬空部分不会受重力影响塌陷变形，需要在和打印平台之间添加一些起到支撑作用的材料，通常会选用一些细薄的柱状支撑，打印完成后可以手工去除。右侧的交通锥因为没有或少有悬空的部分，所以不需要添加支撑。

要说起来，支撑能帮助模型维持原有形态，但是去除支撑可不是一件容易的事，需要用到刀、砂纸、剪钳等工具，如果力度把握不好，很容易损伤到模型本身。看到下面的这张恐龙化石模型，估计要把支撑部分给去除干净，需要费不少工夫呢。真的不仅感慨：支撑，想说爱你不容易啊。

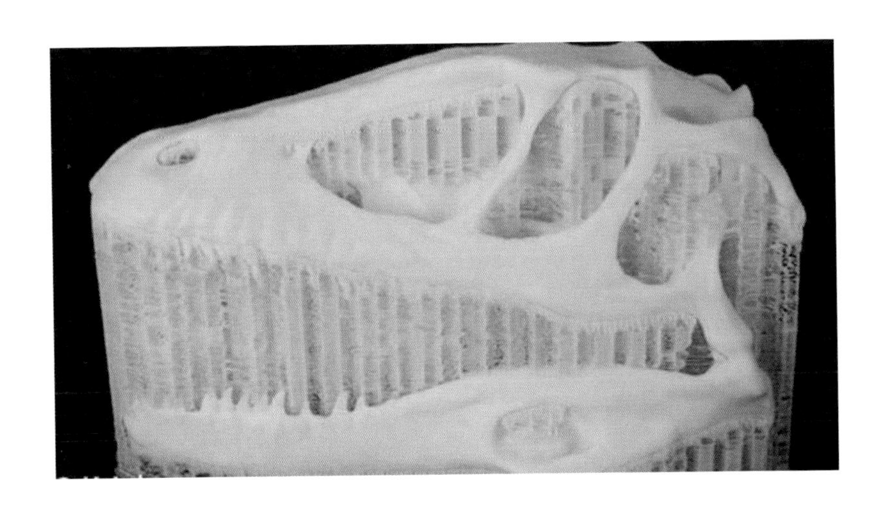

聚沙成塔一挥间

发展至今，3D打印技术在最初的立体光固化成型的基础上已经衍生了几十种打印工艺，每种工艺的基本原理大致相同，但又各有秋千。目前，应用最多、关注焦点主要是以下5种：

（1）立体光固化成型（Stereo Lithography Appearance，SLA）

SLA是应用最早的3D打印技术，也是当今应用最为广泛的3D打印技术之一。液态的原材料充满了工作台，通过喷头发射一定波长的紫外线（250~300纳米），利用紫外线蕴含的大量能量使得液面上的原材料发生聚合反应，由此原材料产生固化。随后，工作平台下降一个层面单位，形成新的固化工作液面，再次扫描固化。如此循环反复，直至产品成型。

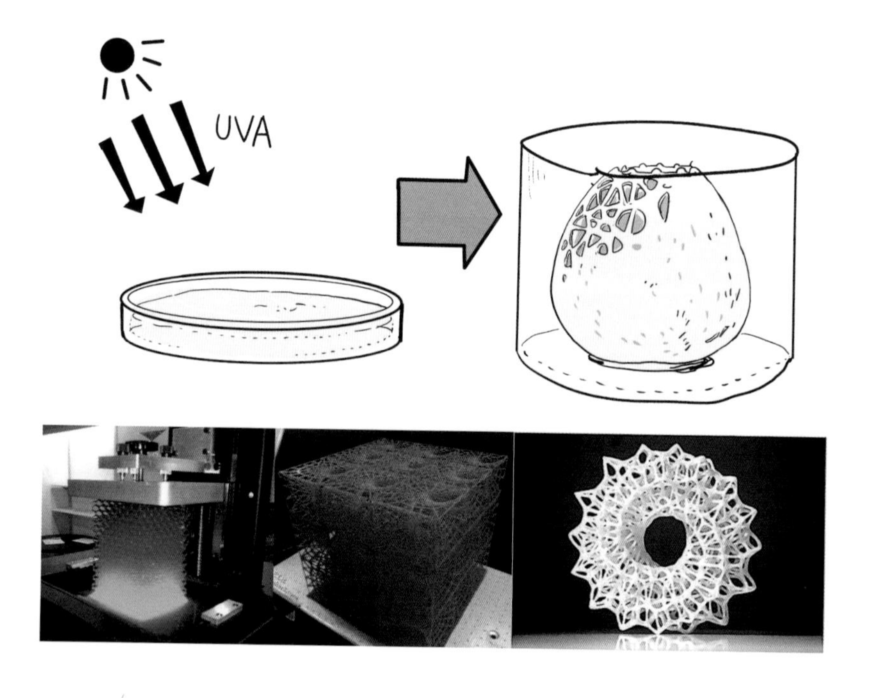

SLA 打印工艺成熟，具有精度高、性能稳定、力学强度高等优点。但是也存在一些不足：由于其设备较为精密，造价、使用和维护成本过高；SLA 打印机对于工作环境要求较高，操作流程稍显复杂，入门较困难。

（2）熔融沉积成型（Fused Deposition Modeling，FDM）

1988 年，由 Scott Crump 发明的 3D 打印技术——FDM，现在被应用在市面上桌面级的 3D 打印机。通过将原材料送入热熔喷头，在喷头内被加热熔化成丝状喷出，按计算机设计路径沿截面轮廓运动，将半流动状态的原材料填充到指定位置并最终冷却凝固成型，依此逐层堆叠最终成型。

这项技术的优点很突出：机器构造和操作简单，维护成本低，材料利用率高，成型速度快。而缺点也比较明显：精度低，表面质量差，表面容易出现“台阶效应”，复杂部件形成困难。因此，该工艺适用于产品的概念建模、形状和功能测试，不适合制造大型零件，对精度要求高的行业一般较少使用 FDM 技术。

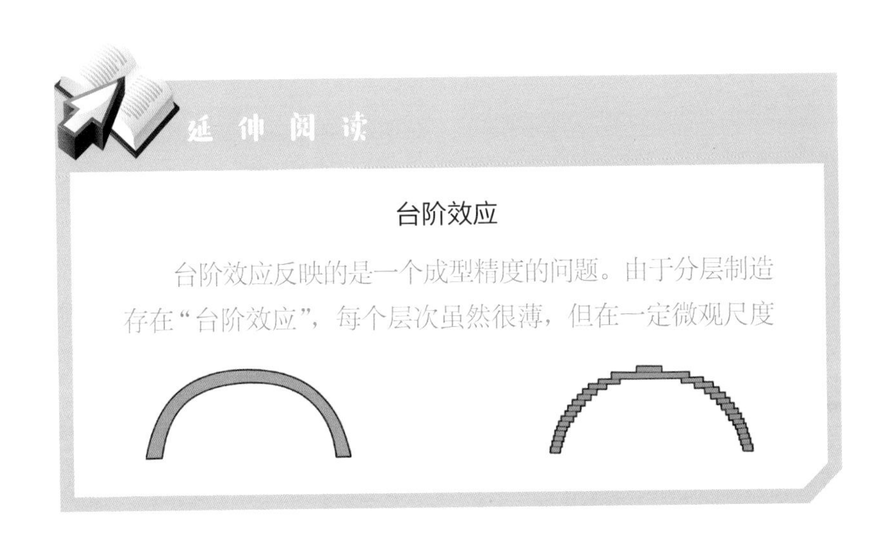

延伸阅读

台阶效应

台阶效应反映的是一个成型精度的问题。由于分层制造存在“台阶效应”，每个层次虽然很薄，但在一定微观尺度

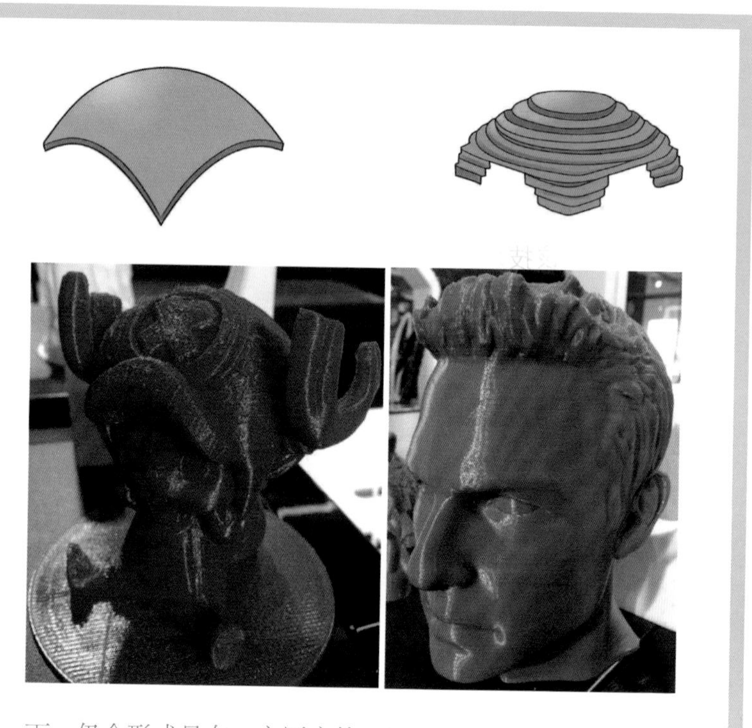

下，仍会形成具有一定厚度的一级级“台阶”，如果需要制造的对象表面是圆弧形，那么就会造成精度上的偏差。

（3）选择性激光烧结（Selective Laser Sintering，SLS）

SLS 工作是在粉末床中完成，这有点像我们的沙画。首先在工作台中铺上一层粉末，将材料预热接近至熔点，再通过激光在选区扫描，利用激光的高温使得粉末温度升高。当粉末温度超过熔点，就会烧结形成粘接，随后工作平台降低高度调入新的工作粉末层面，按此程序循环直至物体成型。

近几年 SLS 技术发展迅速，是目前最为成功商业化的 3D 打印技术之一。但是该技术尚存在一些问题，如精度不够，需要进行后处理才能投入实际应用。设备本身成本高，维护也比较困难。目前，该技术多集中在高端制造领域。

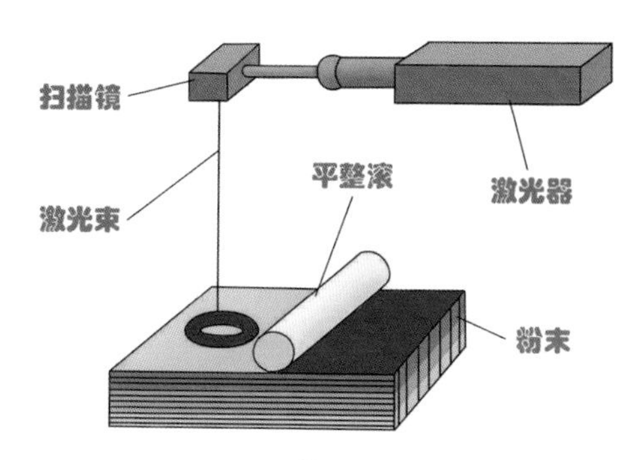

SLS工艺原理图

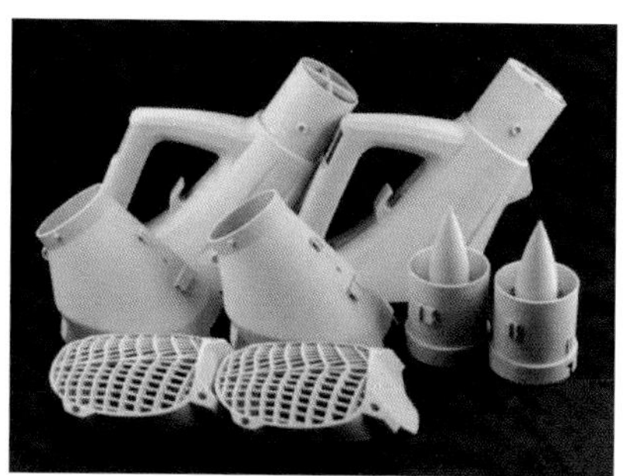

延伸阅读

百炼成钢的金属 3D 打印

随着科技的发展，3D 打印技术已经被应用到我们生活中的方方面面，就现在来看，用塑料材料打印一个模型早已不是什么难事。3D 打印真正"高、精、尖"的应用，则是在精密金属结构件的制造上。

3D 打印的金属结构件难以在机器的核心部件位置"挑大梁"，往往是因为金属 3D 打印存在着两个缺点：第一，打印零件比锻造零件强度低、致密性差。金属粉末一层层叠起来，在堆叠方向上，抗剪切性能较差，致密性可能不如普通锻造件，可能会出现断裂和气孔问题。第二，打印的零件精度不高，表面粗糙度较差，还需要后期加工，不适合精密器件。

但可别把金属 3D 打印看得一文不值，事实上，全球范围都非常重视金属 3D 打印技术的研究，从金属材料成分、金属打印工艺、成型零件强度、复杂部件精度等多个方面深入探索。相信就在不久的将来，金属 3D 打印就能解决强度、精度的问题，真正地打得放心、用得安心。

（4）三维粉末粘接（Three Dimensional Printing and Gluing，3DP）

3DP 技术工作过程与 SLS 相似，都是基于粉末床进行，区别在于 SLS 是采用激光烧结粉末，而 3DP 使用特殊胶水来黏结粉末。3DP 打印喷头用于喷射液态黏结剂，通过计算机控制喷头运行轨迹，在已铺设好粉末材料选择性的喷射黏结剂，将相应位置的粉末黏结在一起。完成

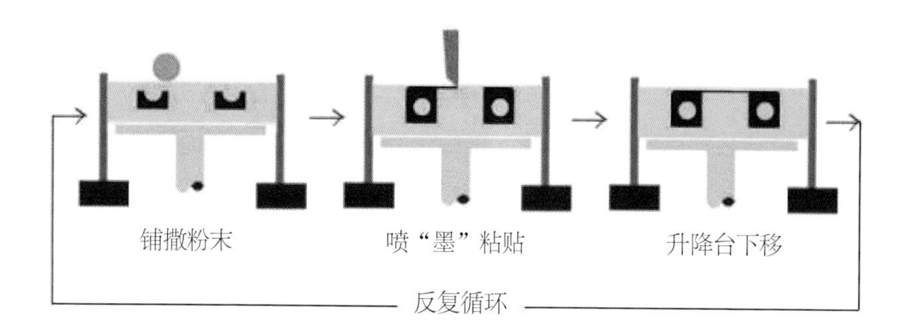
铺撒粉末
喷“墨”粘贴
升降台下移
反复循环

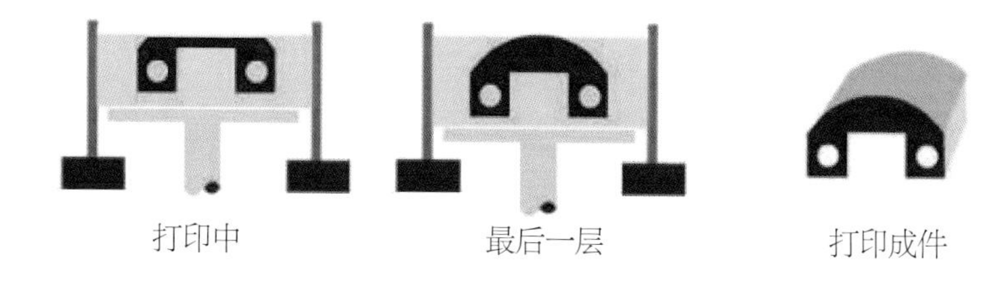
打印中
最后一层
打印成件

一个层面的打印工作后，工作平台下降重新铺上粉末，如此逐层循环。

其优点包括：无须额外的支撑结构，成型速度快；黏结剂中可添加颜料，打印模型色彩丰富；多余粉末清除较方便，适合打印形状复杂模型，多余的粉末可重复使用。其缺点主要是成型物品强度不够，不适宜作为功能性试验；设备也比较贵。

（5）选择性激光熔化（Selective Laser Melting，SLM）

SLM 是近年出现的一种新的快速成型技术，德国在该领域研究最早也最为深入。SLM 工作原理与 SLS 相似，都是将激光的能量转换为热能，使粉末成型。但是 SLM 所产生的温度更高，产品成型效果比 SLS 的要好，精度和力学性能都更优异。

但它也存在以下问题：系统造价十分昂贵，工作效率低；工作平台如果变大，那么其温度也就很难控制，产品也会变形，故无法直接制作大型产品。

神奇的立体墨水

不知细心的读者有没有发现，前面在介绍 3D 打印的成型工艺时，似乎还有一点没有介绍清楚。那就是 3D 打印所用的原材料到底是什么呢？难道所有的工艺用的都是同一种原材料吗？

为了解答这些问题，我们可以先看下面的一个表格。

3D打印成型工艺	所用原料
立体光固化成型（Stereo Lithography Appearance，SLA）	光敏性树脂，包括光敏分子修饰的高分子，如蛋白质和多糖等
熔融沉积成型（Fused Deposition Modeling，FDM）	热塑性高分子，如聚碳酸酯和聚丙烯腈聚酯

（续表）

3D打印成型工艺	所用原料
选择性激光烧结（Selective Laser Sintering，SLS）	高分子材料、无机非金属、金属粉末等
三维粉末粘接（Three Dimensional Printing and Gluing，3DP）	高分子材料、无机非金属、金属粉末等
选择性激光熔化（Selective Laser Melting，SLM）	高分子材料、无机非金属、金属粉末，也包括高熔点的金属粉末等

从上表我们可以看出，每种不同的3D打印成型工艺，所用的原材料都不尽相同。这受到每种成型工艺的技术限制和设备限制。而材料的选择，对于3D打印产品的精度和效果都有一定的影响。

根据应用的领域不同，打印材料主要包括塑料、光敏树脂、金属材料、复合材料、橡胶以及生物材料等。树脂、塑料是当前3D打印成型工艺应用中最为成熟的材料，堪称“当红炸子鸡”。而金属材料也不甘落后，它具有硬度高、耐高温的特性，是作为3D打印原材料的潜力股！由于金属在固态和液态间变化过程中性质会发生变化，不可控因素比较多，现在能应用的金属材料只有十余种，所以科学家们仍在努力攻克这一系列难题。

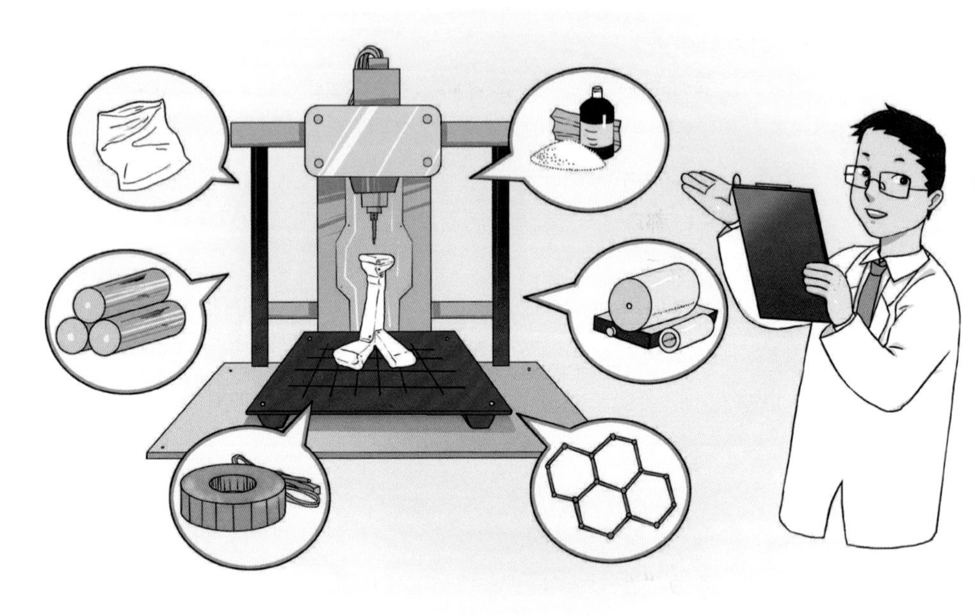

小知识

钛合金——未来的金属

钛的强度高，但密度仅为钢的60%，可制出单位强度高、刚性好、质轻的零部件。飞机的发动机构件、骨架、蒙皮、紧固件及起落架等都使用钛合金。钛的热强度高，钛合金的工作温度可达500℃，而常见的铝合金不到200℃。钛的抗蚀性好，对点蚀、酸蚀、应力腐蚀的抵抗力特别强。钛的低温性能好，在低温和超低温下仍能保持其力学性能。

钛首先荣获的称号是“太空金属”。由于它重量轻、强度大，又耐高温，特别适于制造飞机和各种航天器。目前世界上生产的钛及钛合金，大约有四分之三都用于航空航天工业。许多原来用铝合金的部件，都改用了钛合金。

钛获得的第二个光荣称号是“潜海金属”。钛合金不仅是登天的英雄，也是潜海的一条好汉。因为潜艇在深海中航行时，要承受巨大的压力。下潜得愈深，承受的压力愈大。核潜艇的外壳采用钛合金制造，其下潜深度是一般潜艇的两倍。美国制造的钛合金潜艇，可在4 500米深海中航行。如果没有钛合金，潜海就不可能达到这样的深度。而且，根据实验，钛放入海底50年都不会被腐蚀。

钛还被称为“生物金属”，在医疗领域，钛以其出色的生物安全性，被广泛应用于制造义齿、人造骨和植入器械。钛的医疗制品很少引起组织排异和炎症反应。

目前全球的钛矿藏量巨大，但钛的使用成本居高不下，其中一大原因是冶炼、加工的费用昂高。随着3D打印技术的普及，应用选择性激光烧结、选择性激光熔化技术对钛粉进行立体成型，有着不可估量的巨大前景。钛和3D打印，真是有着不解之缘啊！

三 3D打印——
从地下
“打”到天上

3D 打印已成为引领未来全球制造业发展趋势的关键词，一方面是因为其符合工业生产变化的需求，向着快速、低成本方向发展，另一方面则来自于其跨领域的生产模式，可以多领域通用，能有效地将大规模生产与手工生产融于一体，这对于传统开模生产来讲可谓是颠覆性创新。

与传统制造技术相比，3D 打印技术的魅力主要在于可以直接从计算机图形数据中生成任何形状的零件，具有制造成本低、研制周期短、生产效率高等明显优势。

1 即时灵感“打”出概念汽车

高新人小明穿越时空，来到了 1921 年的美国福特汽车公司，在这里，他看到了当时正在大规模量产的老式汽车。他好奇地问：“这款汽车除了黑色还有别的颜色么？有敞篷款式么？能私人订制外形么？”结果得到的答案都是：“没有！”

"千篇一律有什么意思啊，一点新意都没有。"高新人小明再次穿越时空，看看在 3D 打印开始盛行的 21 世纪，汽车有了什么样的变化。

用 3D 打印造汽车

小明找到了汽车设计师、汽车维修员和一名司机。

汽车设计师说："3D 打印技术加快了汽车更新换代。因为 3D 打印技术集概念设计、技术验证与生产制造于一体，极大缩小概念汽车从'概念'到'定形'的时间差，缩短汽车设计研发的周期，汽车的更新换代更快了。我一有灵感就赶快记录下来，用三维模型软件设计加工，不一会一个新款汽车模型就拿到我手上了。未来将会有更多的'概念汽车'成为现实。"

司机这时候也插上嘴了："哎呀，这个我也懂，现在好多品牌推出了定制汽车服务。我了解过，比如我想把车门的把手换一个款式，与众不同一些，以前可没有办法，传统工艺制作一个新把手就要开个新模具，成本几十万元，现在说是用 3D 打印技术专门为我定制，在成本不高就能实现了量身定制。"

延伸阅读

当 3D 打印技术遇上虚拟现实技术

2017 年 3 月，德国汽车制造商宝马宣布，他们将 3D 打印技术和虚拟现实技术（Virtual Reality System，简称 VR）相结合，帮助简化汽车设计流程和降低成本。

虚拟现实技术也是一种近年兴起的高新科技，它是可以创建和体验虚拟世界的计算机仿真系统，利用计算机生成一种模拟环境，通过三维动态视景和实体行为的系统，使用户沉浸到该虚拟环境中。

目前，宝马希望改变现有汽车的零件种类和数量。为了有最直观的视觉感受，将虚拟图像投影到3D打印部件上，让设计师和工程师身处虚拟环境当中，以了解零件安装在车上的样子。借此，设计师和工程师能看到一个特定设计的全部早期缺陷，然后创造和调整一个新的虚拟设计。

汽车维修员也有感而发："是啊，3D 打印简化了模具开发、锻造、铸造等复杂的制造环节，减少了人力与物力的消耗，所以既快捷又便宜。以前很多汽车维修的时候，从工厂订购配件都要等上几个星期，现在只要有零件的图纸模型，打印一个就几个小时的时间。"

汽车维修员接着说："而且啊，上个月有一辆高档轿车发动机缸体出现了裂纹变形，在路边"抛锚"了。车主满脸愁容，觉得发动机是汽车的心脏，这次大修肯定花费不少。后来在修理厂直接用 3D 打印机把零件制作出来，换上后调试一下，汽车跑起来一点问题都没有。而且，有了 3D 打印机，仓库里再也不用囤着那么多备用的汽车零件了。"

高新人小明和司机都听得出神，原来 3D 打印技术用处这么大啊，技术人员可使用 3D 打印机来修复，延长关键零部件的使用寿命，降低维修成本，甚至直接把损毁的部件、紧缺的零件打印出来。当大型、不易移动的机械发生故障时，携带 3D 打印机到现场就能马上进行维修，道路救援简直太方便了。

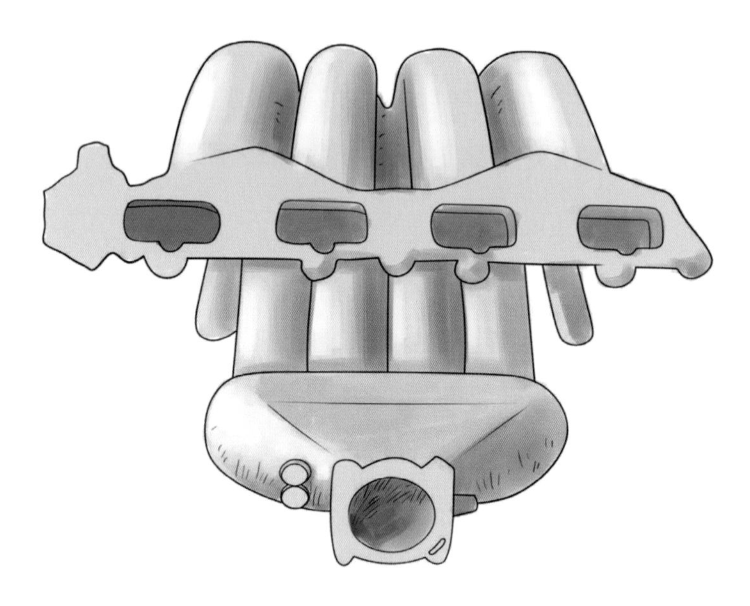

这辆摩托车不能跑

很多人都想拥有一辆属于自己的摩托车，在赛道上风驰电掣。一位来自纽约的艺术家却说他也想要一辆摩托车，但是能不能跑起来他无所谓。

这辆造型经典的摩托车用树脂材料打造，重量不足5千克，车身的比例和零部件的细节都近乎真实，在半透明的材料下一目了然，让摩托车爱好者看了大呼过瘾。但也正是用了这种材料，这辆摩托车没有真正的发动机带给它动力，只是一辆模型。

其实应用的原理和概念汽车的车身设计是一样的，充分利用了3D打印精确复制和简便设计的优点。以后汽车工程师在研发新车时如果发现了问题，不用再把原型机大卸八块，在一堆零件中找问题了，直接通过半透明的车身一看就一目了然了。

"浑然一体"的新汽车

神奇的3D打印技术在汽车制造领域不仅仅有以上妙用，人们尝试用3D打印机造汽车，取得了初步成果。

世界首款3D打印汽车名叫Urbee2，于2013年问世。它依靠3D打印技术打印了绝大多数零部件，研究人员的主要工作包括组装和调试，整个过程大概花了2 500个小时。

这辆汽车有3个轮子，除发动机和底盘是金属，用传统工艺生产，其余大部分材料都是塑料，整个汽车的重量约为 550 千克。传统汽车制造是生产出各部件然后再组装到一起，3D 打印机能打印出单个的、一体式的汽车车身，再将其他部件填充进去。据称，这辆 3D 汽车需要 50 个零部件左右，而一辆标准设计的汽车需要成百上千的零部件。

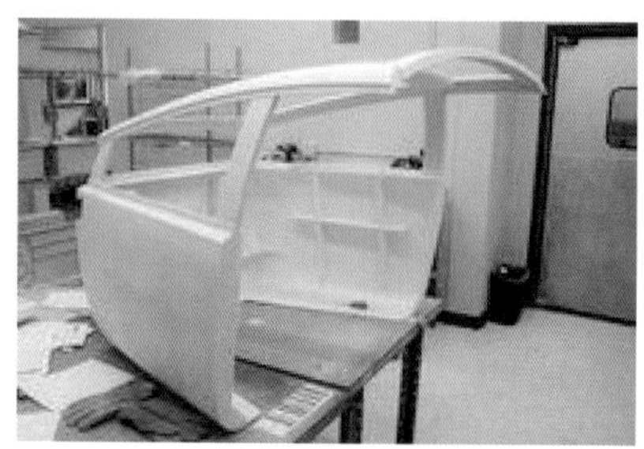

2015 年北美车展上，美国 Local Motors 公司带来了另一辆 3D 打印汽车，名为 Strati。Local Motors 公司展示了制作该车的步骤：第一阶段是利用 3D 打印 ABS 塑料钢筋和碳纤维材料完成零部件的基础制作；第二阶段则是由数控机床经过几个小时的铣削，完成零部件的细节；最后阶段是将这些零件组装起来。

Strati 全车大约有 40 个零部件。除了动力传动系统、悬架、电池组、轮胎、电气系统和挡风玻璃外，其余部件都是 3D 打印完成制作的，包括底盘、仪表板、座椅等。由电池组供电的动力系统可以提供 100 千米左右的续航里程。

高新人小明认真观察了这两款高科技的汽车，发现有不少共同点：个性化定制，快速制造，零部件少，电力驱动，原材料便于获取和回收利用。

他还发现一个很特别的地方，就是轻，只有普通汽车重量的 1/4。这是为什么呢？研究人员告诉他，一方面是因为 3D 打印汽车用的是高

强度的塑料或者碳素纤维材料，这种材料质量轻但是机械强度一点也不弱；另一方面是3D打印技术实现了结构拓扑优化，眼前的车可不是实心的“铁疙瘩”，而是……

“天啊！竟然是空心的结构，这样真的安全吗？”

“放心吧，这种中空结构可不是为了偷工减料，而是通过结构优化计算后设计的结构，既维持了力学的强度，又减少了用料，减轻了重量。”

原来是这样，小明啧啧称奇。他不禁在想，未来的汽车，是什么样子的……

虽然现在受科技的限制，还无法做到完全用一台 3D 打印机制造一辆汽车，但是随着科技不断发展，在不远的未来，我们就能看到外形新颖、清洁环保的一体化 3D 汽车驰骋在公路上。

延伸阅读

不需要充气、更换的轮胎

有没有不需要充气的轮胎呢？当然有了。我们都知道，在橡胶材料还没有发明的时候，古人用石头、木头制成轮子，这种轮子质量大，避震差，易损坏，难维修。到了现代，除了铁轨、电车等特殊的交通工具，我们常见的汽车、摩托车、自行车用的都是橡胶轮胎。但我们也知道，橡胶轮胎容易磨损和老化，在路上碰到尖锐的物体还可能发生瘪胎、爆胎，非常危险。

随着科技的发展，防爆轮胎、新型材料轮胎等新产品层出不穷。2017 年 6 月，米其林公司展示了一款最近研发的 3D 打印轮胎。和传统的气压式轮胎完全不同，轮胎上面有蜂巢形的图案，设计灵感来自于自然界，比如珊瑚虫、人类肺部的肺泡，这样的结构不但让轮胎保持了很好的弹性，而且完全不用担心爆胎和漏气。

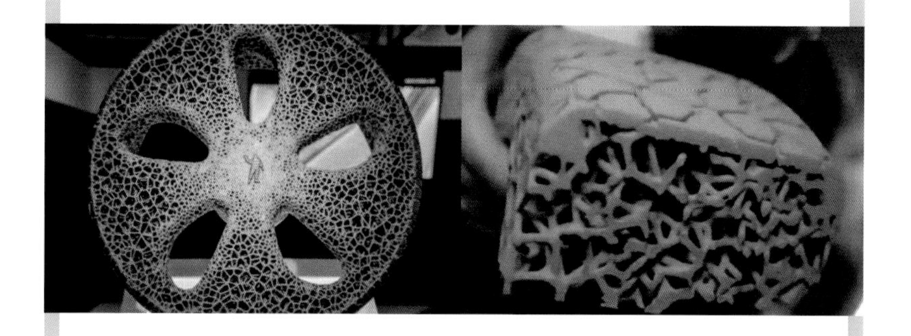

然而这些都还不是这款轮胎的亮点，据公司人员介绍："这将会是一款比汽车寿命还长的轮胎，当轮胎与地面接触的表面发生磨损时，只要用 3D 打印机重新打印添加胎面，就可保证轮胎的持久性。想要等到轮胎报废，那要等到行驶千万千米以后了。"

2 减时减重"打"出航天梦

为何航空航天领域如此青睐 3D 打印?

航空航天技术是当今世界最具影响力的高新科技之一，而航空航天制造技术是当中的重要组成部分，其发展水平对于飞机、火箭、导弹和航天器等航天航空产品的可靠性增强与使用寿命延长、综合技术性能的完善、研制和生产成本的降低，甚至总体设计思想能否得到具体实现，均起着决定性作用。

为何航空航天领域如此青睐 3D 打印？

第一，3D 打印技术实现复杂难加工零件的制造。航天航空装备关键零部件的外形和内部结构通常较为复杂，铸造、锻造等传统制造工艺难以精准加工。而金属 3D 打印技术无须像传统制造技术一样在研发零件制造过程中使用的模具，能让高性能金属零部件，尤其是高性能大结构件的制造流程大为缩短，这将极大地缩短产品研发制造周期。

第二，3D 打印技术显著提高材料利用率。航天航空装备对材料的性能和成分要求十分严苛，而材料的极大浪费也就意味着机械加工的程序复杂、生产时间周期长。

细节决定成败

钛合金是航空航天应用最为广泛的金属之一，因为它密度低、强度高、使用温度范围宽（–269~600℃），还有耐蚀、低阻尼、可焊接等诸多优点，航空航天飞行器用钛合金来实现轻量化和提高综合性能最好不过了。3D 打印技术中用激光直接快速成型工艺，可以打印钛合金部件。这项技术目前是航空航天制造领域的研究热点，但全世界掌握了这一技术的国家可不多，因为技术细节复杂，可谓差之毫厘失之千里，细节决定成败。

美国 Aero–Met 公司研究用激光直接快速成型技术来打印大型钛合金飞机结构件开展得最早，也最早将该技术成果应用在飞机上。2001 年，该公司就开始为 F18 战斗机尝试制作钛合金材质的发动机舱推力拉梁、机翼转动折叠接头、翼梁、带筋壁板等结构件。2002 年还制定出了“Ti–6Al–4V 钛合金激光快速成型产品”宇航材料标准 (ASM4999)，并于同年在世界上率先实现 3D 打印钛合金结构件在 F18 战斗机上的验证考核和装机应用。

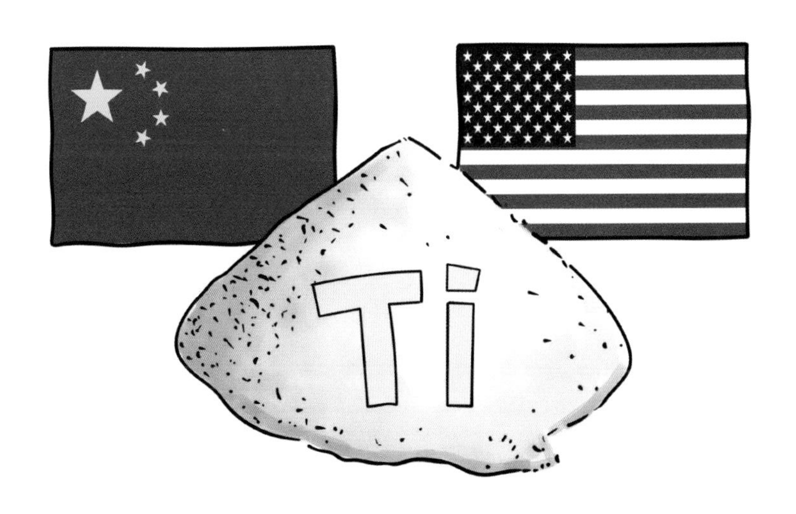

延 伸 阅 读

钛合金的大家族

钛是 20 世纪 50 年代发展起来的一种重要的结构金属，钛合金因具有强度高、耐蚀性好、耐热性高等特点而被广泛用于各个领域。

钛金属和其他金属或非金属物质合成的金属材料目前世界上已研制出有数百种，著名的合金有 20~30 种，如 Ti-6Al-4V、Ti-5Al-2.5Sn、Ti-2Al-2.5Zr 等。其中，第一个实用的钛合金是 1954 年研制出的 Ti-6Al-4V 合金，它的耐热性、强度、塑性、韧性、成形性、可焊性、耐蚀性和生物相容性均较好，而成为钛合金工业中的王牌合金，该合金使用量已占全部钛合金的 75%~85%。

那么 Ti-6Al-4V 这串字符有什么含义呢。首先，我们看到当中的英文字母“Ti”“Al”和“V”，这是对应了化学元素周期表中的钛、铝、钒三种元素，即表示这种钛合金主要是钛、铝、钒三种元素合成的；其次，“6”和“4”表示这种合金化学成分中铝约占 6%，钒约占 4%，其余约 90% 为钛。所以，Ti-6Al-4V 的主要成分：Al 5.5%~6.75%，V 3.5%~4.5%，余量为 Ti。

而有些钛合金的化学成分组成较多，则用合金牌号来代替这种名称，如 Ti-6Al-4V 的合金牌号为 TC4，下文中的 Ti-2.5Al-1Mo-1V-2Zr 的合金牌号为 TA15。具体可查《钛及钛合金牌号和化学成分表：国标 GB/T 3620.1》。

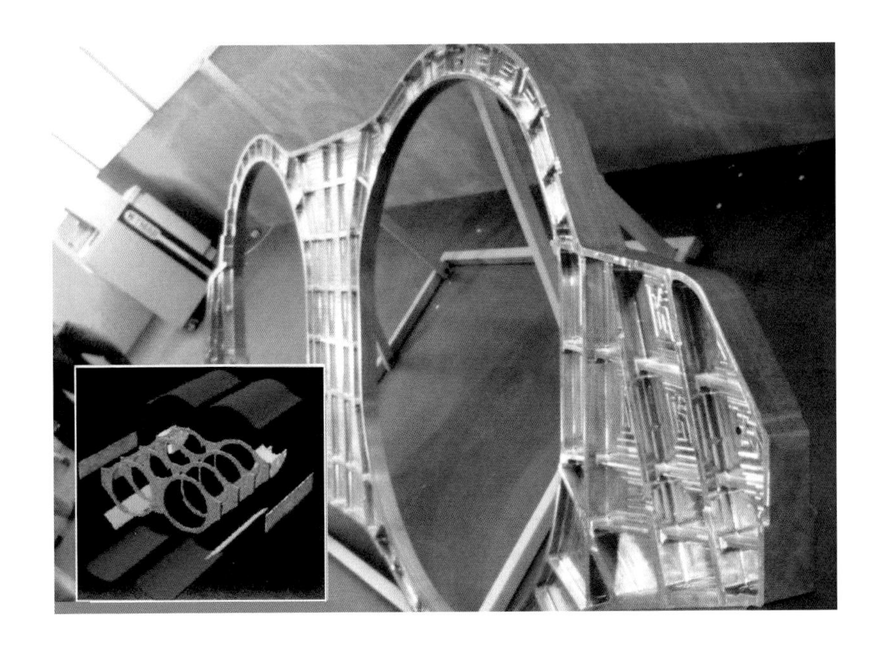

同样，我国钛合金飞机结构件激光直接快速成型技术的研究，从2001 年开始一直受到科技管理部门的高度重视。北京航空航天大学激光材料加工制造技术实验室以飞机次承力钛合金复杂结构件为对象，开展激光快速成型工程化应用技术研究，先后制造出 TA15 钛合金角盒近 200 件，完成了装机评审，顺利通过了全部应用试验考核，使我国成为继美国之后世界上第二个掌握飞机钛合金复杂结构件激光快速成型工程化技术，并实现激光快速成型钛合金结构件在飞机上应用的国家。

当航天人遇上 3D 打印

航天人是天之骄子，集各种高科技于一身。如今航空航天科技青睐 3D 打印，它除了可以用来打印航天设备的钛合金部件，还有什么妙用呢?

总结起来就是两个关键词：省时、节材。

（1）3D打印缩短飞机研发周期

20世纪80~90年代，要研发新一代飞机至少要花10~20年。但如果借助3D打印技术及其他信息技术，则只用3年就能研制出一款新飞机。

（2）3D打印快速修复飞机零件

金属3D打印技术除用于生产制造之外，其在金属高性能零件修复方面的应用价值也绝不低于其制造本身。以高性能整体涡轮叶盘零件为例，当盘上的某一叶片受损，则整个涡轮叶盘将报废，直接经济损失在百万元之上。较之前，这种损失可能不可挽回，令人心痛，但是基于3D打印逐层制造的特点，我们只需将受损的叶片看作是一种特殊的基材，在受损部位进行激光直接制造，就可以恢复零件形状，且性能满足使用要求，甚至高于基材的使用性能。

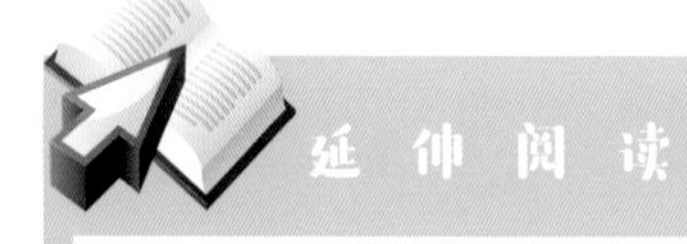

延伸阅读

从空间“五金店”到“太空工厂”

如今，3D打印随着人类探索外太空的脚步，把生产制造活动延展到宇宙中。太空环境和地面环境是截然不同的，例如日常生活中拧紧螺帽这种简单的工作，放在太空空间站就受到了极大的制约，更不要说制造工具了。因而，在3D打印机被送上太空以前，人类进入太空就像去野外露营，必须把会用到的工具都带齐。但自从太空空间站有了3D打印机，宇航员可以随时设计打印出合适的工具、零件，就像多了个空间"五金店"。美国航空航天局的地面工作人员就曾通过电子邮件给空间站传了一个数字模型文件，由空间站上的宇航员操作3D打印机，做出一个急需的套筒扳手。

据悉，美国航空航天局计划将3D打印技术应用到搭建太空发射系统和制作"猎户座"飞船部件上，使3D打印技术成为"登陆火星"计划的一部分。3D打印技术或将在未来空间资源开发中帮助人们直接在太空中进行矿产开发与深加工，实现飞行器在空间维修和燃料加注，使人类在深空探测中走得更远。

科学家相信，随着3D打印技术的不断进步，人类未来有可能将地面制造工厂搬到外太空，利用太空中真空、超低温等特殊环境和无限的空间及能源，制造出更多高精尖的产品。

（3）3D打印提高材料的利用率

航空航天制造领域大多在使用价格昂贵的战略材料，比如像钛合金、镍基高温合金等难加工的金属材料。传统制造方法对材料的使用率很低，一般不会大于10%，甚至仅为2%~5%。材料的极大浪费也就意味着机械加工的程序复杂，生产时间周期长。

如果是那些难加工的技术零件，加工周期会大幅度增加，造成制造成本的增加。金属 3D 打印技术作为一种近净成形技术，只需进行少量的后续处理即可投入使用，材料的使用率达到了 60%，有时甚至达到了 90% 以上。

（4）3D 打印优化飞机零部件结构

对于航空航天科技而言，减重是其永恒不变的主题。不仅可以增加飞机飞行的灵活度，还能增加载重，节省燃油，降低飞行成本。但是传统的制造方法已经将零件减重发挥到了极致，再想进一步发挥余力，已经不太现实。

为了更进一步，借助 3D 技术的应用可以优化复杂零部件的结构，在保证性能的前提下，将复杂结构经变换重新设计成简单结构，从而起到减轻重量的效果。而且通过优化零件结构，能使零件的应力呈现出最合理化的分布，减少疲劳裂纹产生的危险，从而延长使用寿命。

飞机起落架是承受高载荷、高冲击的关键部位，这就需要零件具有高强度、高抗冲击能力。使用上 3D 打印技术制造的起落架，不仅满足使用标准，而且平均寿命是原来的 2.5 倍。

3D 打印在航空航天领域大展拳脚，却始终没见到完全用 3D 打印机制造的飞机，这是为什么呢?

3D 打印技术的优势明显，但是这绝不是意味着 3D 打印是无所不能的，在实际生产中，其技术应用还有很多亟待决绝的问题。比如，目前 3D 打印设备的成本居高不下，大多数民用航空领域还无法承担起如此高昂的设备制造成本。再如，目前 3D 打印金属部件的力学性能不稳定，主要承重结构件不能运用 3D 打印来制作。但是随着材料技术、计算机技术以及激光技术的不断发展，制造成本将会不断降低，满足制造业对生产成本的承受能力，届时，3D 打印将会在制造领域绽放属于它的光芒。

飞在空中的新技术

（1）3D 打印和维修战机部件

韩国空军使用的 F15 战机发动机曾遭到损坏，其发动机上的钛合金的涡轮护罩与钴合金的空气密封件需要修复。这次维修，韩国空军选择使用 3D 打印技术，为此他们找到了德国 3D 打印机制造商利用专门的 DMT 技术很快就完成了对发动机护罩和密封件的修复工作。DMT，即定向能量沉积技术，它的工作原理是用高功率激光熔化金属粉末，被认为是最新和最具前景的 3D 打印技术之一，能够立即修复好韩国军机的部件。操作过程中，金属粉末被连续馈送到 3D 打印机中，并被激光均匀熔化，然后重新冷却为固体，DMT 技术保证不会出现泄露故障，3D 打印部件也能够提供卓越的机械性能。

（2）3D 打印 31 小时造无人机

2015年，俄罗斯技术集团公司用 3D 打印技术制造出一架无人机样机，重 3.8 千克，翼展 2.4 米，飞行时速可达 90~100 千米，续航能力 1~1.5 小时。该公司用两个半月的时间实现了从概念到原型机的飞跃，实际生产耗时仅为 31 小时，制造成本不到 20 万卢布（约合人民币 24 000 元）。

这款无人机的独特之处在于，无须任何特殊起降场地，可在任意表面起降，不论雪地还是排水沟。在 6 000 米高度飞行时的操控范围可达 2 500 千米，有效载荷 300 千克，可搭乘 2~3 名乘客、行李或者携带检测、监控设备。这款无人机可用于地形勘测、灾区救援，也可用于军事行动。

延伸阅读

3D 打印火箭冲向太空

2017 年 5 月 25 日，新西兰一家私人科技企业“火箭实验室”在新西兰东海岸，成功发射世界首枚 3D 打印的电池动力火箭“Electron”。此次成功发射使新西兰成为发射火箭进入天空的第 11 个国家，这也是全球首个从私人发射场把火箭射上天空的创举。

据报道，该火箭体长 17 米，重 10.5 吨，发射升空的速度为每小时超过 27 000 千米。“Electron”属于一次性轻型火箭，由碳纤维复合材料制成，制造成本低、发射周期短、发射费用低廉，堪称人类火箭技术发展史上的一大进步。其搭载的发动机的主要部件几乎都是3D打印制造的。

不过，火箭虽然升上了太空，但没有到达预定的轨道，具体原因还有待测试分析。不过看来，航天科技的发展日新月异，不久以后随着技术的成熟，3D打印的火箭就能够搭载人造卫星进入太空轨道了。

（3）3D打印"大飞机"零部件

我国在航空航天领域复杂结构件的制造处于世界领先地位。在2015年9月3日纪念抗战胜利70周年的大阅兵上展示的国产战机中，就有一部分飞机的零部件采用了3D打印技术。前不久，中国对外宣布一项关于国产大型客机C919的一个制造细节：该客机部件采用了激光成型件加工中央翼线条，其中，最大尺寸为3 070毫米，最大变形量则小于0.8毫米，整个力学性能通过飞机厂商的测试，其材料性能、结构性能、零件取样性能、大部段强度全部满足国产大型客机 C919 的设计要求，包括疲劳性能在内的综合性能，也优于传统的锻造技术。而且，3D 打印出来的零部件强度一致性为 2%，优于厂商 5% 的技术指标要求。

这架我国自行研制、具有完全自主知识产权的喷气式大型客机 C919 飞机，日前已经成功完成了它的首飞。2017 年 5 月 5 日 14：00，C919 飞机在上海浦东国际机场第四跑道一跃而起直上云霄，79 分钟后，飞机稳稳降落，首飞机长和飞机总设计师紧紧相拥，现场人群发出震耳欲聋的欢呼声。

这架飞机的设计制造离不开 3D 打印技术，包括机翼的主要承重部件等众多零部件，都是使用了最前沿的金属 3D 打印技术。就拿飞机的登机门为例，当中十余种复杂结构零件就是用选择性激光熔化 3D 打印

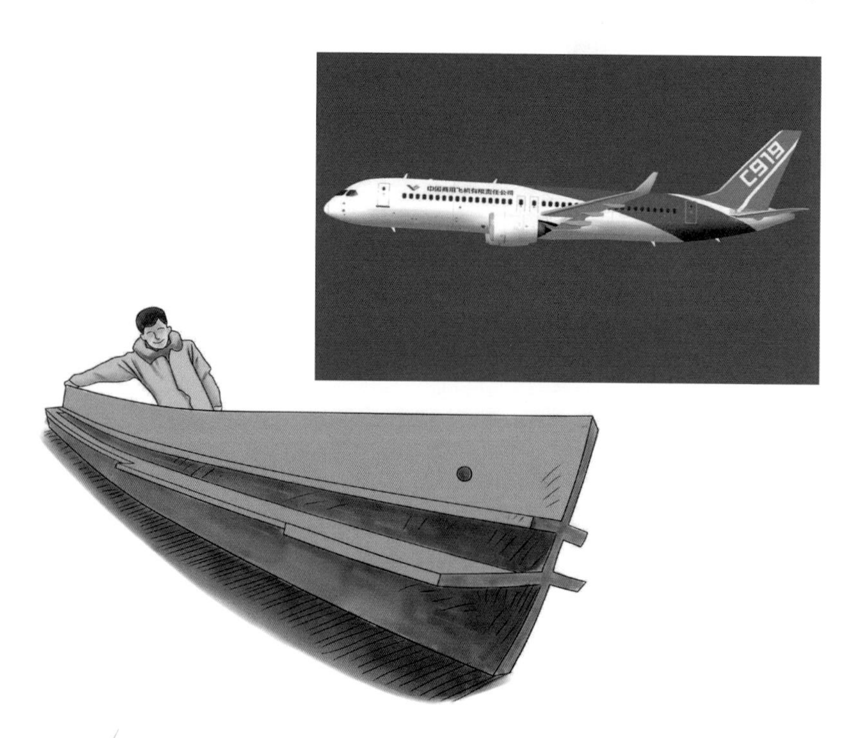

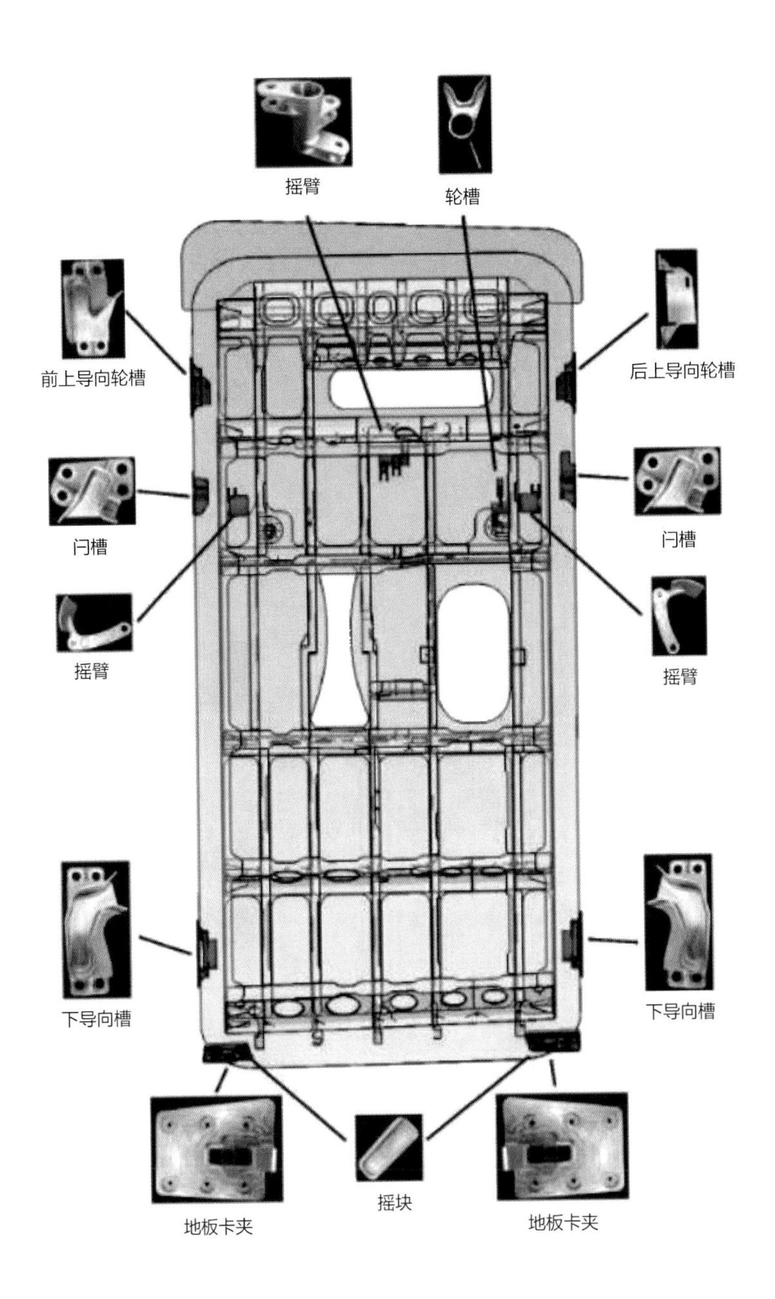
摇臂
轮槽
前上导向轮槽
后上导向轮槽
闩槽
闩槽
摇臂
摇臂
下导向槽
下导向槽
地板卡夹
摇块
地板卡夹

技术制造的，先后攻克了钛合金大型薄壁件常见的应力开裂和型面变形等问题。3D 打印技术为 C919 飞机的首飞做出了巨大的贡献！

大型客机的研发和制造能力是一个国家航空水平的重要标志，也是一个国家整体实力的重要标志。C919 首飞，不单是一架飞机的起飞，也并非一个飞机型号研制成功那么简单，更是中国航空工业和民机事业的起飞——中国由此实现了民用飞机航天技术的突破，形成了大型客机发展的核心能力。

延伸阅读

3D 打印应用于工业领域时面临的瓶颈

就目前的发展来看，要拓展 3D 打印技术的应用，还存在一些问题。

受技术装备、新型材料、设计软件、质量安全和公共环境等制约和影响，目前仅适用于少批量、小尺寸、高精度、造型复杂的零部件和元器件的加工制造，还难以具有传统制造业大规模、大批量的加工制造优势。3D 打印制造主要承重、应力部件的应用也不多。目前看，3D 打印技术取代传统铸造、锻造技术进行汽车零部件的大批量、规模化生产还不太现实。

只有将 3D 打印技术的个性化、复杂化、高难度的特点与传统制造业的规模化、批量化、精细化相结合，与制造技术、信息技术、材料技术相结合，才能不断推动 3D 打印技术在工业领域的创新发展。

四　3D打印——“打”出不老的传说

1 外科医生的新助手

不差毫厘的精确手术

（1）3D打印让肿瘤无处遁形

医学影像学经过几十年的飞速发展，通过CT、MRI等影像学手段可以获得高质量影像资料，进行诊断。但是对于一些位置复杂的病变，仅通过影像资料还是难以辨别，让医生无从下手，很是头疼。

在2014年，中南大学湘雅医院接诊了一例颅底肿瘤的病人，病情十分危急。但因为肿瘤所在位置复杂，如果没有制定好周密的手术计划就贸然进行手术，恐怕会有肿瘤残留或者伤及周围的脑组织。这时医生们想到了3D打印技术，利用我国自主研发的E–3D三维设计系统，成功将患者的复杂颅底肿瘤及周围组织等比例打印出来，对手术进行辅助干预设计，最终将患者颅内的复杂肿瘤精准完整切除。当时，这一类手术在国际上尚无先例。

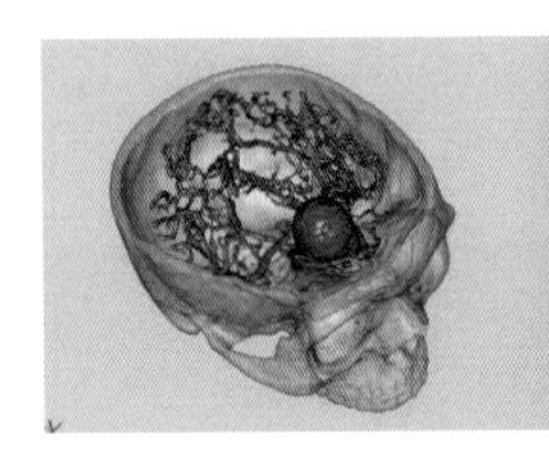
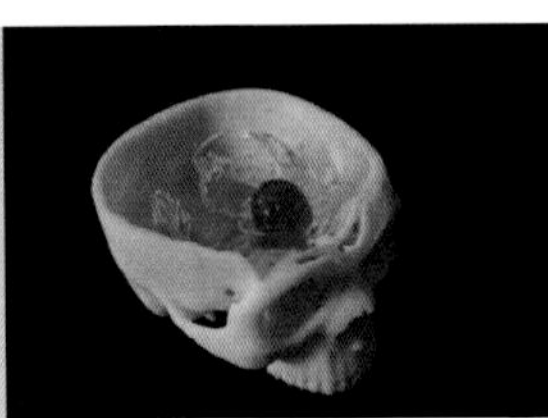
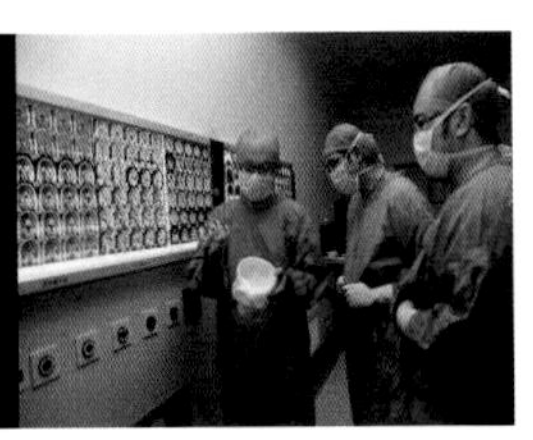

3D打印颅底肿瘤模型

3D打印技术结合外科医学，很好地做到了可视化效果。传统的诊断方法主要根据CT、MRI等二维图像来判断，医生们往往只能根据影像资料在脑海中自行构建空间图像，对于空间结构和毗邻器官的把握可能是不准确的。利用3D打印技术，将患者的CT数据进一步精细化处理重建为三维模型，再3D打印出实物。面对边界清晰，形似克隆，周边结构一目了然的模型，医生自然心中有数，把握十足了。

3D打印助力精准诊断

根据2015年的数据统计，全球糖尿病患者约有4.15亿人，每11个人就有1人患有糖尿病。这种终身性的代谢性疾病会引发多种并发症，危及心、脑、肾、周围神经、眼睛、四肢等人体器官，让患者苦不堪言。约1/3的糖尿病患者会患上视网膜病变，损害视网膜血管，严重将导致失明。不幸的是，现在只有一半的患者发现并确诊，还有一半的患者将最终面临失明。

16岁的学生Kopparapu的祖父也患有糖尿病性视网膜病变，这促使她想要发明一种可以帮助这类患者的眼科诊断设备。她利用仅有的科学知识和3D打印技术，发明了一个低廉的诊断视网膜病变诊断工具，包括了一个智能手机APP和一个3D打印的镜头。这款名"Eyeagnosis"的装置拍摄患者眼底照片，根据APP中的人工智能系统识别照片中视网膜病变的症状，提供初步诊断。虽然不能做到完全精确诊断，但

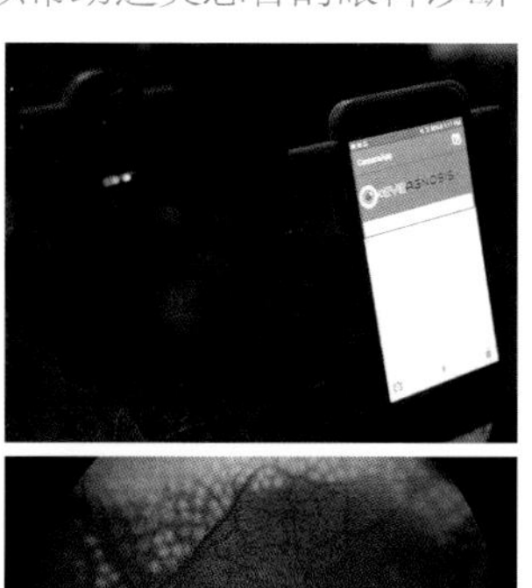

这个初步诊断却是非常重要，在一些地区，患者很多而眼科医生却寥寥无几。

目前，这个设备获得了众多眼科医生、病理学家、物理学家的支持和帮助完善。2016 年 11 月，第一个 Eyeagnosis 设备原型被送到医院使用，它聚焦在手机的非中心闪光灯，以照亮视网膜。目前已有 5 例受试患者使用这款设备获得了成功准确的判断。

（2）未来的你，不“打”不相识

爱美之心，人皆有之。美容整形在这些年逐渐被大众接受，越来越火热，许多人都想有明星般的美貌。小丽是个年轻的小姑娘，想做整形手术让自己变得更美丽动人，这天她来到医院，跟医生小明说："我想要宋慧乔的‘苹果肌’、范冰冰的‘尖下巴’、高圆圆的‘大眼睛’……"这可愁坏了接诊的医生，小明医生觉得，小丽要求的样貌特征，全部放在一张脸上可不好看，也不符合小丽的个人特点。可是好说歹说，小丽

还是觉得那样是最美的，两个人谁也说服不了谁。

第二天，小丽又来到医院，这回小明医生先用 3D 扫描仪把小丽面部的三维模型输入电脑中，再根据小丽的要求逐个调整五官的特征，模拟术后的情况。两个人在电脑前讨论了一整天，终于确定下来了小丽的整形方案。当天小丽离开医院前，小明医生还把她面部的三维模型打印了出来，他对小丽说："这是你接受手术后的效果，你把这个模型拿回去吧，整形可不是一件小事，一定要好好考虑清楚。"

3D 模拟术后状况的技术，不仅帮助了为追求美貌而美容整形的人，许多意外受伤者、接受癌症治疗而需要整形修复的患者也能够受惠于这项新科技。3D 打印模型可以只打印局部，节省成本，或是完整打印达到最佳品质，医生和患者都不再需要透过电脑屏幕的 3D 动画效果，可以直接用眼睛观察、用手触摸尺寸，是最直觉的方式。当然，看过 3D 打印的模型后想要改变心意都没有问题，这就是新技术的好处。

3D 打印服务未来将纳入医保

3D 打印模型可以模拟病变器官，供医生和专家们研究手术方案，提前预案手术中可能出现的潜在危险，同时也能让患者清楚自己的病情。3D 技术还能制作手术导板甚至植入假体，弥补传统器械的不足，实现精准治疗。

那大家可能要问了，3D 打印模型及其整个制作过程的费用由谁承担？医患双方都想利用此模型来行个方便，但似乎彼此都没有付费制作这一模型的义务。

这一问题是随 3D 打印技术的普及衍生出来的，一度引起全球范围的热议。日本中央社会医疗保险协议于 2016 年 1 月 20 日批准将 3D 打印器官模型辅助手术的医疗手段纳入医疗保险支付范围。也就是说，患者可以将这部分费用和其他治疗费一同报销。

我国各地区对 3D 模型打印技术治疗费用纳入社会医保的计划进行讨论，相信不久即可实现，为患者、医生提供便利。

用新科技为患者量体裁“衣”

人体的牙齿和骨骼随着年龄的增长会伴随老化和病变，通常要通过植入特殊材质（金属、陶瓷等）的医疗器械来帮助恢复或者代替原有的组织。3D 打印技术用来制作这些医疗植入器械，发挥了妙用。

2016 年 11 月，30 岁的王先生觉得腰部酸胀有点不舒服，就趁着在医院照顾岳父的时候，顺便拍了个片子进行检查，没想到竟然查出他的脊椎上长了一个大肿瘤。王先生辗转到武汉的两家大医院求诊，都被诊断为脊索瘤，被告知这种肿瘤治疗起来风险过高，而且无法彻底切除。即使能够顺利切除肿瘤，断掉的脊柱如何重建也是一个大难题。

最终，不愿放弃的王先生听了高新人小明的建议，在 2017 年 3 月到广州市南方医科大学第三附属医院骨肿瘤科求诊。经过医院内多次多学科会诊讨论，医疗团队最终确定了最佳手术方案：将病变的肿瘤连带被侵犯的椎体整体切除，植入 3D 打印的人工椎体代替被切除的脊椎。

手术从 8：00 一直做到 20：00，切除了王先生 4 号腰椎与 3 号、5 号各半节腰椎，总共长达 9 厘米，并植入了同样尺寸的 3D 打印人工椎体。术后检查显示，王先生体内的 3D 打印人工椎体匹配良好。两周后，王先生已经可以下地行走，不日就康复出院了。

延伸阅读

“铁齿铜牙”的丹顶鹤

2016年5月的一天，广州市立德动物医院接诊了一只“特别”的动物——国家一级保护动物丹顶鹤。因为在动物园内和其他动物打斗，它的上喙断裂了。

因为伤口感染加重，丹顶鹤已经疼痛得无法进行采食，医生们通过血液和影像学检查等相关诊断手段，发现丹顶鹤血液白细胞数量严重升高，肌体有比较严重的炎症反应，情况紧急。

由于上喙断裂无法采食，医院的护士每天要花上两三个小时给它灌食鸟类奶粉和泥鳅，动物医院的吴院长与院内其他兽医师对该病例作出会诊，提出了一个大胆的想法，要给丹顶鹤装一个义喙。关于义喙如何制作，经过资料收集和多番讨论，决定用3D打印技术，做出一个钛合金的义喙。钛合金由于其重量轻、硬度高、抗腐蚀能力强等特性，目前已经成为人类义肢材料的首选。广州阳铭科技公司对医院的方案作出评估并表示可行性很高，达成了合作，给了丹顶鹤重生的机会。

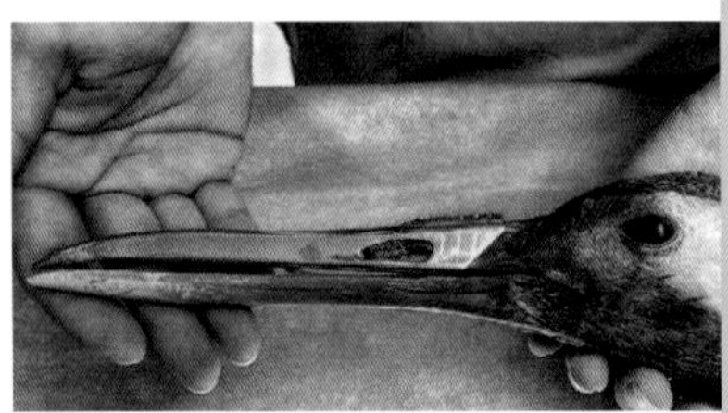

这是国内第一例利用3D打印技术做出钛合金材料为动物做义肢的手术。麻醉风险高，手术难度大，术后护理困难，但是医院和理工学科方面的专业人士一起研究，共同克服了这些难题。历经6次模具测试后，3D打印的钛合金义喙制作完成了。7月11日下午，医院用最好的医生团队进行手术，镇静、麻醉、安装、苏醒，整个过程用时不到30分钟。在手术麻醉苏醒20分钟后，丹顶鹤便可以开始通过新的“嘴巴”，去采食泥鳅了。

小明曾经是个顽皮的小朋友，一会儿都静不下来。这一天他去爬树，一不小心没抓稳，从树上掉了下来，他落地的时候手撑着地面，一阵剧痛，右手就动弹不得了。去到医院拍片检查，医生确诊是尺骨远端骨折，需要打石膏。小明一听要打石膏，马上大哭大闹起来，他觉得石膏又丑又笨重，不愿意配合。

医生笑了笑，叫家属陪着小明多等一会，自己去准备一个特殊的石膏。过了一个多小时，医生拿着一个漆黑光滑、带有镂空花纹的护具回来了。这次小明可没有嫌“石膏”又丑又笨重，乖乖地配合医生带上了护具，笑呵呵地回家了。

3D打印的护具的作用

很多，可以支撑关节稳定，保护骨折部位，还能起到矫形功能，一些构造复杂的义肢护具能实现功能替代。

延伸阅读

最近，英国皇家艺术学院的学生也迷上了3D打印，他们可不是用3D打印制作了什么新奇古怪的乐器，而是制造出了一个机械手指义肢，希望能让人感受到佩戴假肢的感觉，并扩大自身的能力。

使用这个义肢时，3D打印的拇指会受嵌入其中的电缆拉动，拉动电缆的电动机由压力传感器控制，压力传感器通过蓝牙设备连接到用户的鞋子和脚趾下方。

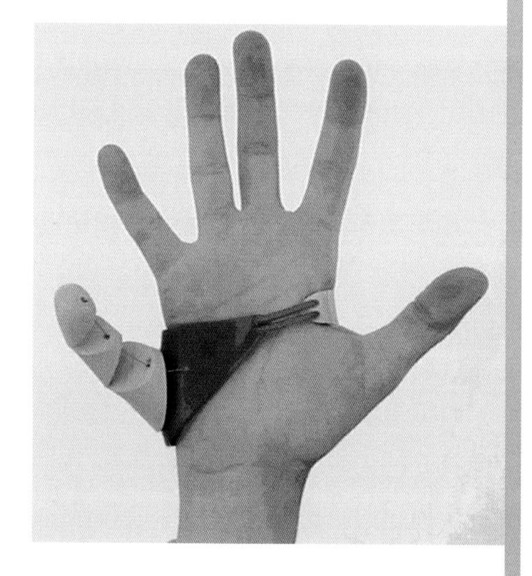

这可不是武侠小说中的“六指琴魔”，这个设备旨在利用手、脚之间的自然配合操纵义肢，延伸正常人的能力，或者帮助残疾人恢复功能。据发明这第六根手指的学生说，用这根手指弹吉他的时候更容易调整音色，或许还有其他的用处待发掘，只是不知道还有没有人愿意拥有这第六个手指。

有过佩戴石膏的患者朋友们都知道，石膏厚重、密不透气，长时间佩戴还有瘙痒症状，十分难受。但是3D打印的护具用医用高分子材料制成，重量轻，和皮肤长时间接触也不会导致过敏症状；设计的镂空结构经过结构优化的精密计算，在力学分布上非常科学，虽然用料少了，但是依旧坚韧，大大改善了透气性，也利于医生观察患处、随时复诊；最主要的是这个护具是根据个人尺寸定制打印的，有锁扣设计，穿戴既舒适又简便。

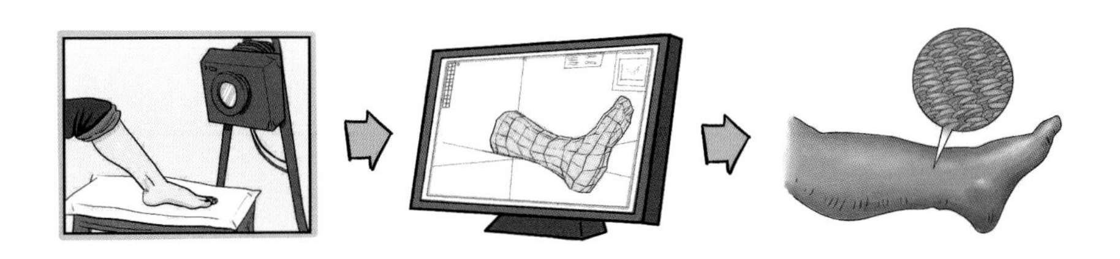

延伸阅读

3D打印——外科医生的新工具

2016年11月27日，西安交通大学第一附属医院外科梦工场的科研人员开发出了一种具有革命性意义的3D打印可降解磁吻合环，这是一种可以在体内无毒降解，快速修复腹腔出血的手术工具。

这项技术可用于脾破裂等腹腔大出血需要阻断腹主动脉等情况下，通过制造异形磁体，使伤口吻合。传统的手工愈合需要十几分钟甚至二十分钟，并且有极大的可能引起组织缺血，为手术增加难度，而3D打印技术，不仅可以在短时间内打印出磁吻合环，针对不同患者不同的伤口形状达到高效修复，而且磁吻合环在体内可以降解变形，吻合形成之后吻合磁盘会排出体外，或被组织吸收。

这种用磁性的材料将消化道血管牵引到一起，通过磁力的压榨让组织愈合形成吻合口，这项技术是国内首创。这项技术在消化道血管重建领域具有革命性的作用，将彻底取代传统的吻合技术。

2 对症“打”药

如果有一天，我们看完病，只需要扫描一下处方上的条形码，3D打印机就会打印出一颗药片给我们，而不是需要我们带回去一盒一盒的胶囊药片，那是不是非常的神奇呢?

事实上，3D打印技术已经应用在了制药行业中，这个梦想就快要实现了。

量身定做的小药片

2015年7月31日，美国食品药品监督管理局（FDA）通过了一款利用3D打印技术生产的药物。这款名为Spritam的药物是用于治疗癫痫症的，药片为一种多孔结构，只需要少量的水分就可以快速溶化。这样一来，癫痫症发作时有吞咽困难的患者也能快速地服下药物。3D打印药物实际上是一种制剂加工技术——将液体制剂的灵活性与片状制剂的准确性结合形成3D打印药片，能够更容易地吞咽和溶解，可以增加儿童、老年或有精神障碍的患者用药的顺应性。

2016 年 6 月 4 日，新加坡国立大学的研究人员用 3D 打印制作了一种集成化超级药丸，它可以一次存储病人一天的药量，只要吞下一颗这样的药丸，就会分时智能释放病人所需的药品和药量。这样一来，病人就无须每天听着闹钟在药罐子之间“穿梭”了。这项发明，解决了“吃药难”的问题，尤其是健忘、忙碌的人们，生活质量大大提高了。

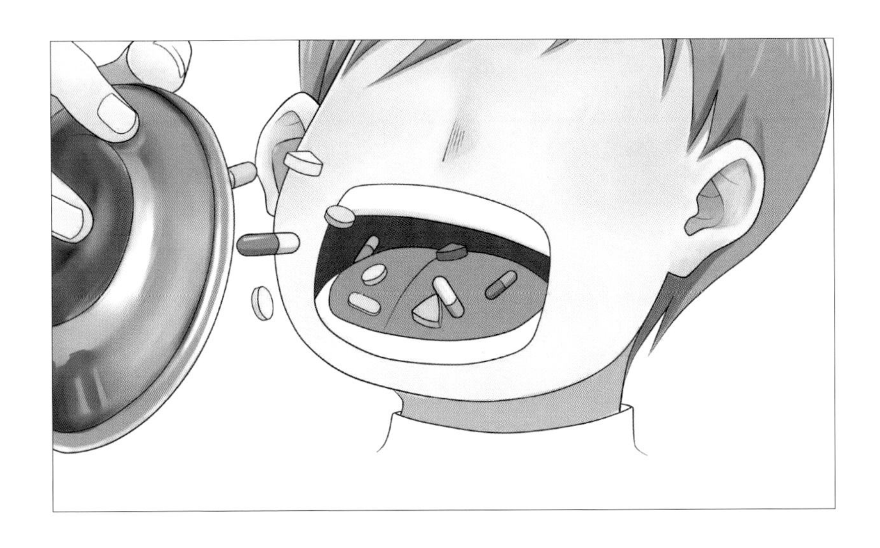

3D 打印技术还可以在药片的结构上进行创新，实现剂量、外观、口感等的个性化定制；同时，3D 打印的药片可拥有特殊的微观结构，有助于改善药物的释放行为，从而提高疗效并降低副作用。那么在你的想象中，我们平常的药片经过 3D 打印加工之后又能变成什么样呢？下面让我们一起来看几张图。

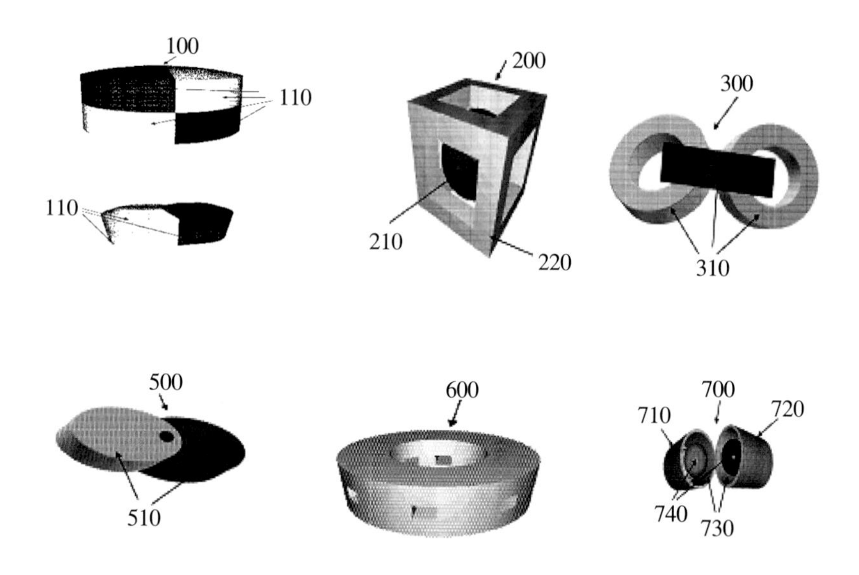

就像药片外面的糖衣可以让药物避免在口腔中就开始吸收，到了胃肠道才发挥药效。3D 打印药片的结构错综复杂，有赖于这种特殊的构造，多种药物成分的分时释放、逐层释放、缓慢释放都够实现了。

怎么样，有没有想到我们平常生病时吃的药片还能变成这样的“艺术品”？

用新科技来做新药

古代有神农氏遍尝百草的故事，这可是一件危险的差事，神农尝百草多次中毒，最后还因为食用了断肠草而逝世。到了现代，药物的种类已经远不止中草药了，还有很多化学药物、合成药物，为了研究药物的疗效和安全性，衍生出了药物筛选的科研学科。

药物筛选是评价药物作用、生物活性及药用价值的重要方式。但现有的动物筛选模型存在种属差异和周期长等缺陷，而高通量筛选技术则与体内环境差异大，导致筛选准确率低。通过研究发现，细胞 3D 打印为在体外用人体细胞构建复杂、多组织系统药物筛选模型提供了可能。

肝脏是承担药物毒性和进行药物代谢的重要器官，在药物筛选方面，人工肝脏的需求量很大。成人肝脏由 50 万 ~100 万个称作肝小叶的单元组成，肝小叶是肝结构和功能的基本单位，模仿肝小叶结构制备肝单元，是制造人工肝脏的关键步骤。我国杭州捷诺飞公司批量生产的 3D 打印肝单元，模拟肝细胞的药物代谢过程。用人源细胞 3D 打印的药物筛选模型，能准确反映化学和生物药物在人体内的药理活性，从而提高药物筛选成功率。

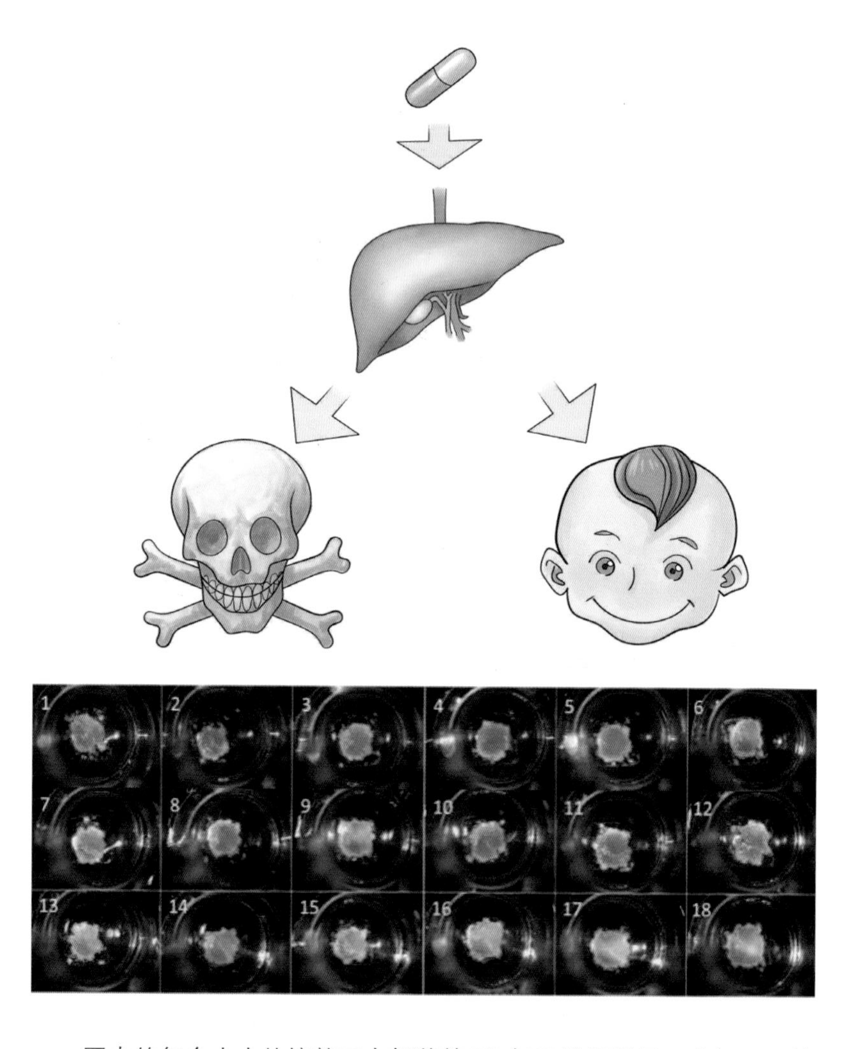

图中的每个小小的培养皿中都装着 3D 打印的肝单元，在加入了特定的药物后，检测肝单元的一些指标就能够得出该药物的药效、毒性、代谢时间等参数。千万不要小看这些一小团的肝细胞，它们代替了活体动物和人体本身，既降低了检测的成本和风险，而且节约了药物测试的时间，并且反映指标更加准确了。

3 越“打”越生猛

人类离长生不老又近了一步

有一部好莱坞大片《钢铁侠3》，在当中，威胁人们安全的坏人们受到一种病毒的感染，拥有自我恢复的能力，不仅仅是受伤后得以恢复，即使是失去了四肢，也能再生出来。这样先进的科技被用作不法的用途，给正义的战士们带来了前所未有的挑战。而这部电影中的这一构想，恰好体现了再生医学的理念。虽然尚未达到科幻电影中的治疗效果，但是目前再生医学领域的发展，已经可以合成人工的骨骼、软骨、血管、神经等组织，植入人体后给病人的康复带来了明显的疗效和光明的希望。

但我们都知道，三头六臂的哪吒和七十二变的孙悟空都是故事里的角色。一直以来，因为外伤、疾病造成的残疾和器官衰老影响病人的日常起居，甚至危及生命。现实中，我们认真细心地保护我们的身体，因为一旦发生了创伤，轻则皮肉受损，重则伤筋动骨，更严重的会造成残疾。科学家希望通过生物学、工程学、材料学等手段，仿造、再造人体的组织器官，重新恢复丢失或功能损害的组织和器官，使其具备正常组织和器官的结构和功能。近些年，科学家们通过3D打印技术在该领域取得了许多突破。

那么3D打印技术结合再生医学，能解决哪些科学难题，做出哪些贡献呢?

首先，3D打印技术的个性化定制，为一些特殊的患者解决了匹配难题。例如，某些患者的骨骼形态和大多数人群存在差异，可以用3D打印技术来制作符合该患者解剖学特点的人造骨骼。

其次，3D打印技术的数字控制打印可以精确地控制细胞和生物活性物质的分布。我们都知道细胞是小到肉眼无法看见的，科学家在培养细胞时一般在液态的环境包裹细胞，给予细胞养分和类似体液的环境。可是液体是分散的，容易受到外力而丧失原有的形态。所以在这里用上 3D 打印技术，可以精确地将一个一个细胞“打印”在培养皿中，呈阵列、呈矩阵、呈堆叠结构都可以。再进一步，例如血管的管状结构，就可以通过 3D 打印技术制备出来。

3D 打印技术是最先进的成型技术之一，再生医学结合了 3D 打印技术，解决了很多个体差异、空间结构方面的难题，实现人类制造人工组织道路上的一次飞跃。

有生命的墨水

干细胞是人体内的一类拥有自我更新和分化能力的多潜能细胞。人体内有 200 多种细胞，而干细胞在一定的条件下，它们可以分化为构成

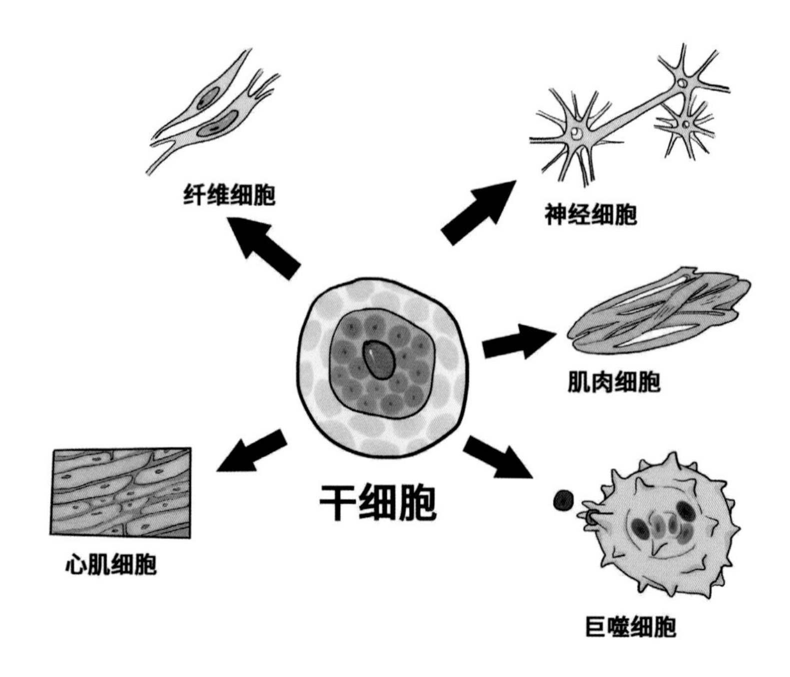

人体的各种细胞。当科学家们发现了干细胞神奇的分化能力和增殖能力时，将它们广泛应用于医学当中，用来修复、再生受损的组织和器官。

生物 3D 打印的原材料就是干细胞，更准确地说，是含有干细胞和维持干细胞生长的物质，组合而成的“生物墨水”（Bioink）。有了生物墨水，我们还需要“生物纸”，水凝胶就是一个好选择。将生物墨水打印在生物纸上，控制细胞的排列分布，达到调节细胞行为、细胞间相互作用等目的，最终促进细胞形成功能性活组织。

听起来是不是挺简单的，可别小看了这项技术，生物墨水和普通的细胞培养液可不太一样，它不仅要有维持细胞生长、增殖的营养成分，还需要有帮助干细胞分化的生长因子和促进干细胞黏附的胶原蛋白。不仅如此，生物墨水的储存也是很有讲究的，必须维持细胞的活性，所以对于光照、氧气、二氧化碳、酸碱度、温度等条件都要求非常苛刻。原本这些条件是通过冰箱大小的细胞培养箱实现的，现在全部压缩到生物墨水的打印喷头中，由于细胞特别“娇贵”，对于生活环境相当“挑剔”，目前来说，我们的技术还比较难完全达到细胞的要求。所以生物 3D 打印技术还有相当长的路要走啊！

延伸阅读

脐带血造血干细胞库

随着婴儿的出生，胎盘与母体和婴儿剥离，脐带和胎盘在以前是直接被遗弃的，但是随着医学的发展，人们发现脐带血液中富含大量的脐带血造血干细胞，这种细胞可以分化多种人体血细胞和免疫细胞等。

现在很多的医院、医疗机构都有建立脐带血库，脐血库（Cord Blood Bank）是脐带血造血干细胞库的简称，是国家卫生和计划生育委员会批准的特殊血站，用来保存新生儿的脐带血，主要是保存其中丰富的造血干细胞，可为需要造血干细胞移植的患者储备资源和提供干细胞的配型查询。

脐带血中含有大量的干细胞，干细胞是生命的种子，是具有自我更新、高度增殖和多项分化潜能的细胞群体。这些细胞可以通过分裂维持自身细胞的特性和数量，又可进一步分化为各种组织细胞，从而在组织修复等方面发挥积极作用。近三十年来的医学研究发现，脐带血中含有非常丰富的造血干细胞（HSC），可以重建人体造血和免疫系统，可用于造血干细胞移植，治疗血液系统、免疫系统和遗传代谢性等疾病。因此，脐带血已成为造血干细胞的重要来源，被广泛地应用于临床，成为宝贵的人类生物资源。

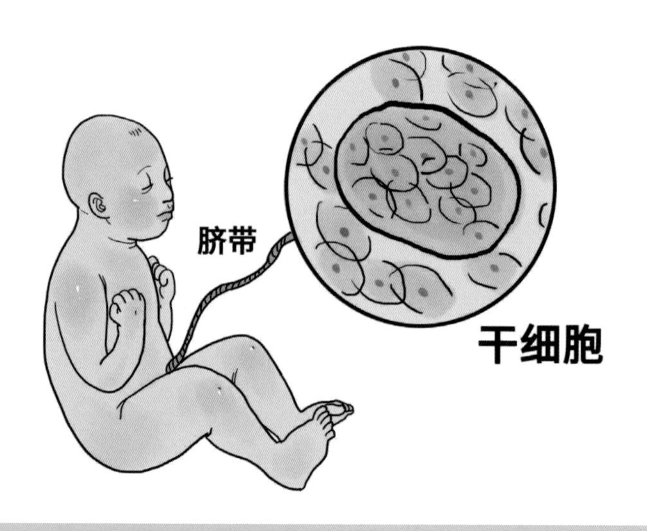

脐带血库的建立，为多种疾病的治疗提供了保障，像是一份给身体的存盘，保留脐带血造血干细胞，为生命增添一份保障。

量"肾"打造指日可待

"两只老虎，两只老虎！跑得快，跑得快！一只没有眼睛，一只没有尾巴，真奇怪，真奇怪！"这是一首我们都耳熟能详的儿歌，乍一听歌词内容滑稽可笑。不过伴随 3D 打印技术在再生医学领域的应用不断深入，目前已经研究出了多种人造组织器官，为创伤、残疾的患者带来了福音。

康奈尔大学的科学家利用 3D 打印机打印出活体耳朵生物材料，然后进行移植手术。该研究团队利用 5 岁女孩发育完整的外耳做出了 3D 数字模型，接着使用 3D 打印机进行了制造。研究人员利用老鼠尾巴中的胶原蛋白混合乳牛耳朵的软骨细胞，制成了水凝胶，然后他们又将水凝胶注入模型模具。在这个过程中，胶原蛋白发挥了框架材料的作用，软骨细胞可以在框架上不断生长发育。

设计模具需要半天，完成 3D 打印又需要一天。之后，研究人员需要用 30 分钟注入水凝胶。再过 15 分钟，活体耳朵便基本形成，可以进一步加工了。

研究人员对打印出来的活体耳朵进行修剪，保证其形状正常。在植入手术进行之前，活体耳朵需要在营养细胞培养基浸泡几日。在植入手术完成 3 个月之后，这个耳朵便成功生长到了试验老鼠的皮肤上，这时新的软骨组织成功替代了原来耳朵中的胶原蛋白。

除了先天畸形之外，因为意外伤害失去耳朵的人也可以使用这个 3D 打印的耳朵进行治疗。目前，试验都是在动物身上开展的。研究人员希望能在之后利用人的软骨细胞完成人耳制造和移植。

延伸阅读

3D 打印脑组织——结构相似而功能不足

瑞典皇家工程学院曾就 3D 打印在医学领域应用做过调查和预测，通过图表的形式呈现医学 3D 打印的应用发展时间点，其中生物打印在图表上的比重最多。在 2005 年，3D 打印塑料类的手术导板和夹具开始成为常态，2009 年金属 3D 打印的植入物开始进入医院手术台，2013—2018 年生物医用植入物技术逐渐走向成熟，2013—2022 年生物组织 3D 制造技术开始出现并逐渐成熟，2013—2032 年，3D 打印完整人体器官渐入佳境。

纵观近年来生物 3D 打印在全球范围内的科学研究和临床应用，屡屡取得突破性的成绩，但在某些组织器官的 3D 打印中也屡屡碰壁。

大脑可谓我们身上最为神秘的人体器官。直至今天，我们对大脑的认知仍十分有限，这个只占人体重量 2% 的器官包藏着太多的未知。或许与大脑的复杂神秘性有关，目前，在3D打印器官的研究领域中，进展最缓慢的大概就是大脑了。然而，因为手术、肿瘤、外伤等原因造成的脑组织缺损病例不占少数，医生、科学家也研制出多种脑组织修复材料，如水凝胶、多肽复合材料、干细胞等，有的能够实现组织结构的恢复，有的能更进一步表现出神经细胞的再生或分化，可始终难以实现有效的神经传导，无法媲美正常的脑组织。

2016年，美国哈佛大学用凝胶制作了一个3D打印大脑，这是一个典型的医疗模型，主要用于研究大脑皮层褶皱形成之谜；2017年，澳大利亚伍伦贡大学尝试建立3D打印的活性脑组织结构，来探索阿尔茨海默病和帕金森症的病理。

3D打印实现脑组织的再生和恢复，需要经历漫长的科研探索，这是一个不断发现、不断完善、不断进步的过程。目前我们仅仅解决了对脑组织形态结构的模仿，等到有一天3D打印能够制作出一个会思考的大脑，那么我们再也不需要担心癫痫、帕金森、精神分裂等脑部疾病了。

此外，在世界的其他地方，科学家们都致力于早日解决器官来源的难题，希望早日实现3D打印器官。

2010年，美国Organavo公司打印出了供药物测用途的肾脏组织。在美国，排队等候器官移植的病人中，有80%的病人等待的器官是肾脏。虽然目前3D打印方法制造的肾脏仍然无法发挥作用，但一旦它们开始发挥作用，医生们就有望使用病人自己的细胞培育出能与身体其他部位完美匹配的器官。

维克森林大学再生医学研究所用3D打印技术研制了皮肤移植片。首先，用一个定制的生物打印机对病人的伤口进行扫描并标示出需要进行皮肤移植的部位。随后，一个喷头喷出凝血酶，另一个喷头喷出细胞、胶原蛋白以及纤维蛋白原组成的混合物。然后，生物打印机打印出一层人体成纤维细胞，随后再打印出一层名叫角化细胞的皮肤细胞，形成皮肤。

我国也走在了生物 3D 打印的前沿，四川成都的蓝光英诺公司研制了 3D 打印血管的技术。用微囊包裹干细胞形成“生物砖”，让干细胞在生物砖内维持活性和分化特性，再用 3D 打印机将生物砖铺在温敏性水凝胶管上，最后待生物砖内的细胞相互连接形成血管壁之后，控制温度变化使温敏性水凝胶降解，得到人工制造的血管组织。最近该公司进行了恒河猴腹主动脉的人工血管移植实验，获得了成功，不久将进行临床试验，有望为人们的健康贡献一分力量。

3D 打印技术用于构建人工的组织器官，是当前非常火热的研究领域。再往后，在不断解决可降解材料、生物力学、医学安全性等问题后，3D 打印的人工器官有望进入临床，延长人类的寿命。

思 考

器官移植和克隆技术，与生物 3D 打印关系密切，你认为 3D 打印的组织器官会存在伦理学的争议么？

五 3D打印——只有想不到，没有打不出

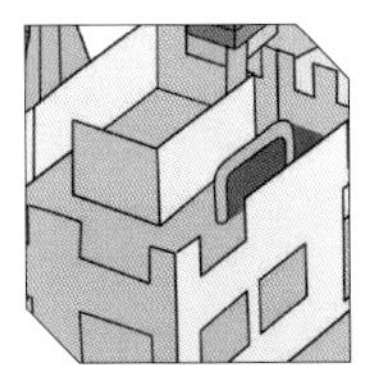

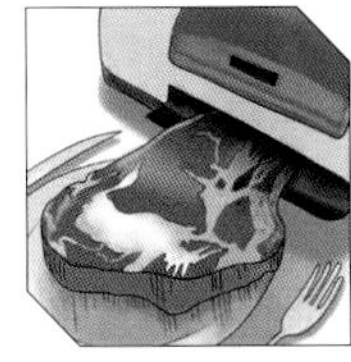

1 无处不在的3D打印

3D 打印技术，以数字化、个性化、网络化为特点，集成了计算机辅助数字化设计、机电自动化控制、信息科学、材料科学等诸多前沿技术，推动了制造业的巨大发展，为社会发展带来了巨大变革。2012 年 4 月，英国著名财经杂志《经济学人》报道称“3D 打印技术将推动第三次工业革命”，该技术被称为具有工业革命意义的制造技术。

目前，3D 打印技术已经应用在建筑工程、服装鞋帽、珠宝首饰、食品、教育等社会生活的方方面面。下面，我们就来看看这项技术在我们生活中的具体应用。

“罗马”可以一夜“打”成

身处繁华都市，我们最渴望的是拥有一个自己的家。然而，面对高昂且不断攀升的房价，不免有“路漫漫其修远兮”的感叹。不过，“车到山前必有路，柳暗花明又一村”，充满智慧的工程师们将 3D 打印技术应用在建筑工程领域，大胆尝试用 3D 打印来盖房子。

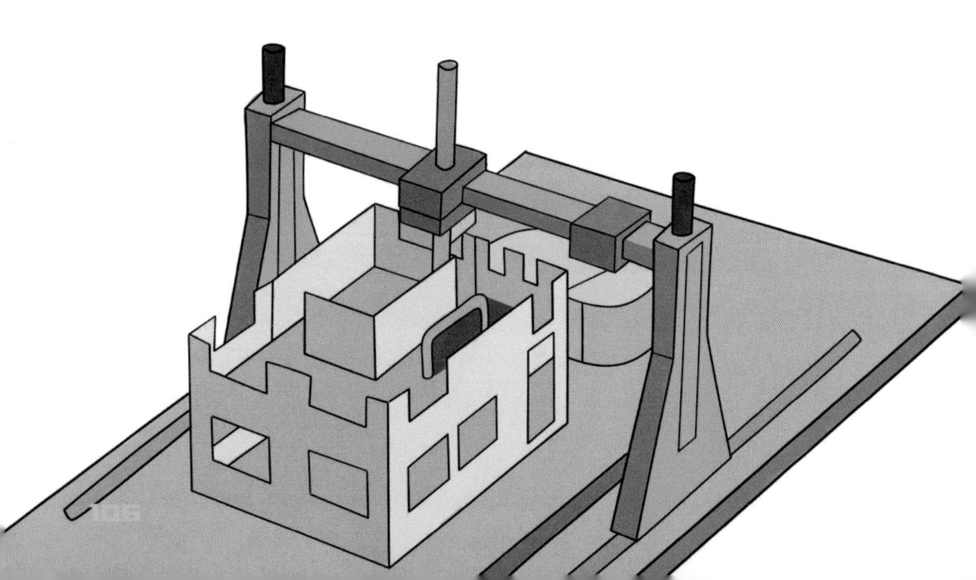

2012 年 1 月，美国研究机构利用新型 3D 打印技术，在 24 小时内就打印出大约 232 平方米的两层楼房，不仅如此，打印出来的楼房其单位面积的承重能力是标准混凝土的3倍。主要过程是首先是倾倒混凝土，然后在机械铲子作用下平整硬化混凝土的所需角度，之后再安装水管、电线，并建造其他设施。

这项新型 3D 打印技术名为“轮廓工艺”，由一个比房屋还大的巨型三维挤出机械逐层堆建混凝土来建房子。使用轮廓工艺不仅造价便宜、快速建造，而且对环境友好，建设造价和材料大幅度降低。

2014 年 1 月，我国首批使用 3D 打印技术建造的房屋在上海青浦亮相，这些房子是由一台高 6.6 米、宽 10 米、长 32 米的建筑打印机在 24 小时内打印出来的。其中的门窗位置事先预留出来，墙体使用特殊的“油墨”根据电脑设计方案逐层堆叠。

和美国用的轮廓工艺不同，这批位于上海青浦的房屋是由分别打印的各面墙体拼接组装而成。这些房子最大的亮点是它们采用的原材料取材于建筑垃圾、工业垃圾和矿山尾矿，经过了特殊处理，已经变为无毒无害并且坚固耐用的环保材料。

如今城市高楼林立，为何 3D 打印的房屋多是平房和别墅，却没有摩天大楼呢？这是有原因的：首先，高楼需要坚固深入的地基，而不只是砖墙的组合，打地基可不是 3D 打印机的强项。其次，无论是轮廓打印还是吊臂打印，都对打印设备的体积有要求，试想要建造一个 50 米

高的楼房，则需要一个 50 米高的巨型打印机，仿佛不太可行啊。

虽然现在 3D 打印建筑还有一些瓶颈和局限，但放眼全球建筑业，3D 打印技术势必在建筑领域掀起一场划时代的革命，建筑师、工程师和建筑工人将借助科技之力。将建筑与 3D 打印结合，促使直接从事生产的劳动力成本越来越小，使建筑设计走向无限自由，完成对自然的再造，建造更加美好的生活、更加有趣的未来。

思 考

你觉得 3D 打印的房屋安全么，有什么不足？

非你莫属的"打"扮

在以前，要给心爱的人挑一枚戒指，我们需要到首饰店中浏览每一个玻璃柜的每一枚戒指，可能看得眼花缭乱都选不出一枚喜欢的。后来，珠宝商推出了网上商城，我们可以在网络上浏览珠宝菜单，挑选心仪的样式。而现在，我们可以自己来设计珠宝了。

随着3D打印技术的逐渐成熟，在珠宝首饰行业的应用已逐步市场化，高级个性化定制首饰已成为一种新的时尚。但传统的首饰加工制作行业普遍存在设计周期长、产品更新慢、产品研发成本高等不足。3D打印技术的出现正逐渐改变传统的首饰设计制造业，主要体现在制作流程、定制化服务以及平台商业模式的改变。

2014年，在香港珠宝首饰展上，全球知名的贵金属制造供应商Cooksongold和著名的3D打印设备制造商EOS公司强强联手，共同推出了全球首款珠宝首饰3D打印机——金属激光烧结的Precious M 080系统，可以直接3D打印贵金属材料来制作手表、珠宝，而不需要模具或铸造。

另外，3D打印技术在个性化定制方面的优势，催生了饰品行业的数字化制造商业平台和商业发展的新模式。网络珠宝商Orori已经开始向其客户提供个性化定制3D打印珠宝服务；国外企业开发出很多饰品设计软件及在线饰品设计网站，可以让消费者自己DIY喜欢的饰品，进而委托珠宝制造商打印加工，也有的用户光是自己动手设计就过足了瘾。

网络游戏“英雄联盟”吸引了大量的玩家，最近，北美的一位珠宝设计师就根据游戏角色给他的灵感，设计出了多款带有游戏角色风格特色的个性化戒指，赚足了眼球。

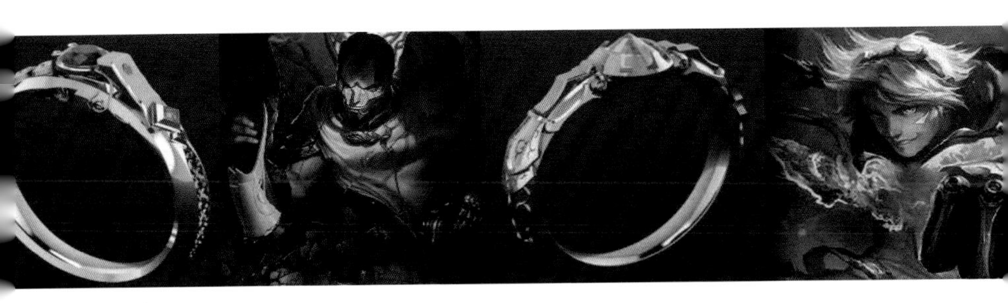

可以预见，在不久的将来，3D 打印的各种琳琅满目的个性化珠宝首饰将会使珠宝行业进入一个全新的时代。

延伸阅读

3D 打印首饰的核心技术其实就是三维模型设计和金属 3D 打印技术，也正因为如此，我们常见的创意首饰、3D 打印首饰多为金、银、合金材质，而没有翡翠、珍珠、钻石的 3D 制作。由此可见，珍贵的宝石是浑然天成的，是大自然的瑰宝，目前的科技还难以模仿。

画饼真能充饥

民以食为天。吃饭是老百姓关心的头等大事，食品加工在人民生活和经济发展中占据着重要的地位。随着人民生活水平的日渐提高，人们不再满足于温饱需要，美味营养健康已成为越来越多人的追求。3D 打印技术在食品加工行业的应用，推动了餐饮行业的新变革，你可能不会想到某一天到餐厅可以自己 DIY 喜欢的食物?

有了 3D 食品打印机，这将不再是梦想。2014 年，西班牙创业公司 Natural Machines 研制出世界首款名为“ Foodini”的食品打印机，通过不同喷嘴的组合可以制造如汉堡、比萨等多种多样的食物。同年 3 月，世界 3D 打印机巨头 3D Systems 公司在音乐节上推出了利用该公司 ChefJet 系列打印机制作的糖果，这些糖果打印机主要使用了糖、水、酒精作为打印材料。不仅如此，该系列的食品打印机还可以制作跳跳糖、宝塔糖和雪糕等。

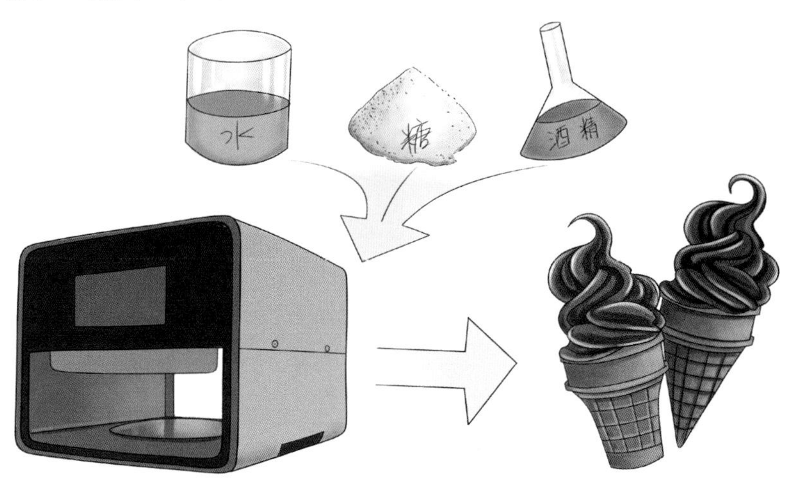

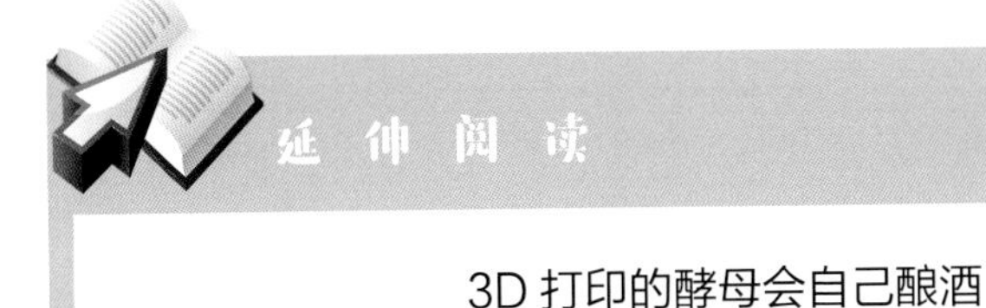

3D 打印的酵母会自己酿酒

酵母是一种真菌，别看它小，它是人类文明中极其重

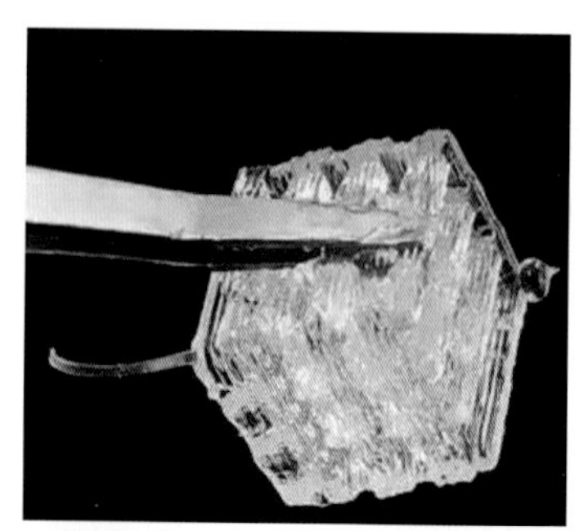

要的物质之一，能将糖类物质发酵成酒精和二氧化碳。不仅可以用来做面包和酿酒，更可以用于制药。2017 年，美国西雅图华盛顿大学研究人员开发了一种 3D 打印的酵母生物反应器，这个反应器可以持续反应数月，使得发酵变得更加便宜和更高效。

下面就是他们利用特殊 3D 打印机制作的酵母生物反应器，这个立方体中，70% 是含水的水凝胶，30% 由注入酵母的特殊聚合物制成。把这个生物反应器放入葡萄糖水中，酵母就会源源不断地将葡萄糖转化为乙醇——就像酿酒一样。更让人称奇的是，这种反应可以持续很长时间，只要发酵溶液定期更换，3D 打印生物反应器就可以继续进行。

看来，3D 打印技术省去了复杂的反应条件和加工工艺，连酿酒也变得简单了。

3D 食品打印机能在食品形状上推陈出新，根据使用者的需求决定食物的造型等，甚至可以为孩子们设计出不同的卡通形状，这样就可以吸引孩子的好奇心，改掉挑食的毛病。

3D 食品打印机在食物原料上，也有多种组合，它可以将海鲜、蔬菜、肉类等，通过搅碎、混合制成浆状，然后打印成形形色色的食物。不仅如此，由于食材被搭配成糊状，对于一些牙口不好的老年人，可以为其提供营养易吸收的食物搭配。还可以充分利用各种资源如食用昆虫、藻类等，缓解粮食危机。不仅如此，根据不同人群的热量需求和口味喜好，进行量身打造食谱，做到均衡营养、健康饮食。

在国外食物的 3D 打印研究已初步取得一些成果，因为 3D 打印食品来源简单，易于搭配且保存时间长，被用于制作太空食品。2013 年，美国国家航空航天局就投资用于 3D 食品打印机的研究，方便航天员使用。在国内，3D 食物打印机的研究和应用也已开展。2015 年，几个清华的毕业生合伙成立了一个 3D 打印煎饼店，吸引了不少关注。

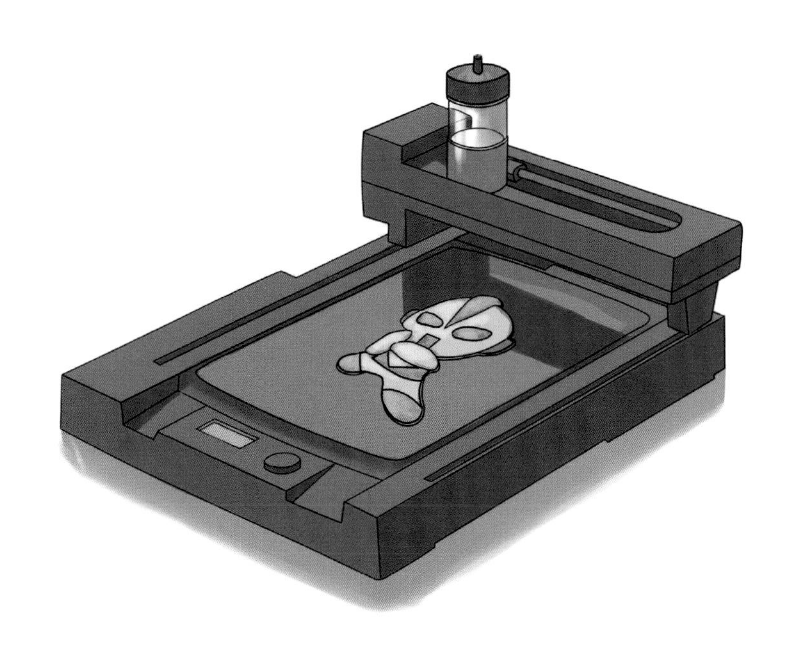

延伸阅读

3D 打印肉

美国 Modern Meadow 公司一直专注于 3D 打印可供人类食用的肉类以及动物皮革。近日，他们公布了一项最新的研究成果——3D 打印猪肉。

这块 3D 打印的猪肉是怎么来的呢，我们一起来看一下。

首先，提取猪身上的细胞，利用 3D 打印技术完美地模拟出肉组织细胞的分布结构，如肉中的软骨、血管等。其次，3D 打印微型细胞结构，在模拟跟动物身上完全一样的环境下，进行自然分化。最后，微型细胞结构开始从肉细胞长成肉块，成熟后直接做成香肠、肉排等。想吃五花肉就打

印五花肉的结构，肥瘦相间，完美五层。想吃猪脚就打印猪脚，从此还省了啃骨头的苦工。

但这块3D打印猪肉掀起了一轮道德议论。我们既然可以用猪肉细胞打印猪肉，那是否可以创造新的肉？比如用牛的细胞、猪的组织结构，制造出来的是不是就变成牛肉味的五花肉呢？更恐怖一点，用人类的细胞培养出人肉，是否也变成了餐桌上的一种选择呢？对于素食者来说，他们提倡保护动物善待生命，那么是否也应该保护动物细胞？还是开始吃3D打印的肉呢？ 细胞对于素食者来说是有生命的个体还是无生命的物体呢？

不过，这项技术现在还未投入真正的食品生产当中，制作一磅3D打印肉的成本高达数千美元，至少最近这十年一般人是吃不起的。反向来说，这是3D打印生物组织的一大进步，相关的技术应用在人造组织器官的制作，将会产生更为深远的意义。

无缝何须是天衣

高新人小明有一天买了一件衣服，他穿的码数就剩下最后一件了，在付款的时候他犹豫了起来，因为衣服袖子的地方裁线比较不规整，一时也看不出来是质量问题，还以为仅仅只是线头。最后在服装店员的推销下，他买了这件衣服。可是才第二天，袖子的地方就开线了。从那天起，小明每次买衣服都十分苦恼。

随着3D打印技术走入我们日常生活的方方面面，服装设计师也开始利用3D打印机制作精美绝伦的衣服。比如，波士顿服装品牌

Ministry of Supply 推出了高品质的 3D 打印男上装，顾客可通过选择自己偏好的颜色、袖口类型和纽扣等，定制一件无缝线口的上装。这件衣服是一体成型的，最大的优点是能够和每个订购者的身形完全合身，而且环保耐穿，同时可以根据客户需求适当在某些部位增加或减少布料，这样使得衣服更加舒适透气。

这款 3D 打印的上衣外套目前已在网上正式开卖。高新人小明着实心动不已，这可是一件既时尚、又合身、还保证质量的衣服。

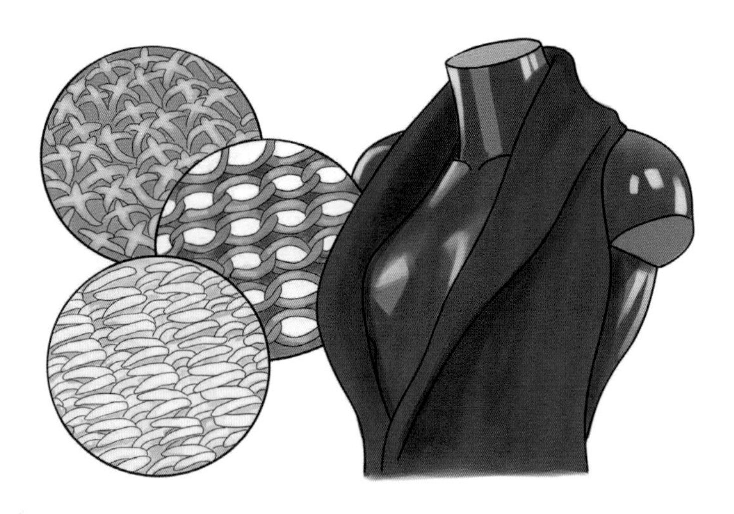

延伸阅读

用水波涟漪肌理打造的 3D 时装秀

现如今，越来越多时装设计师开始关注科技的影响力，通过科技手段能够帮助设计师解决那些无法还原脑中创意的难题。

这个从流动的液态物质造成的肌理感上提取灵感的时装秀，展现了水、空气之间的流动感，结合工艺精湛的 3D 打印技术，用高级时装与高新科技打造了独树一帜的设计风格。

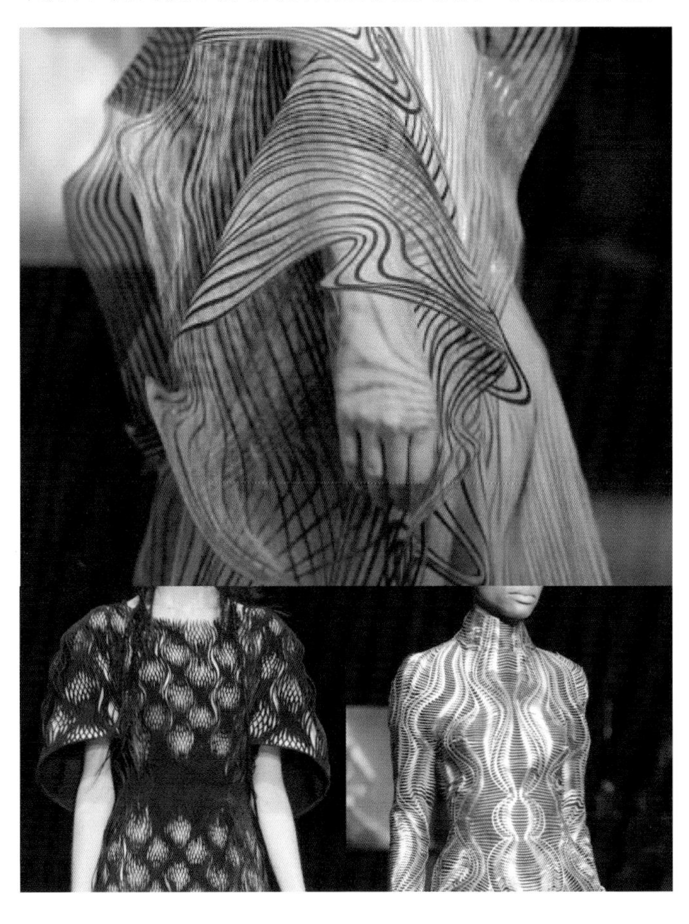

高新人小明还有一件烦心事，因为脚有些“胖”，买运动鞋的时候要不就是觉得鞋身太窄，要不就是觉得压着脚背，倒也不是尺码的问

题。就这样，他总是和自己心仪的运动鞋款式擦身而过。

不过他听到了一个好消息，2016 年 8 月巴西里约奥运会期间，阿迪达斯宣布为运动员打造了 3D 打印的跑鞋，贴合运动员的脚型，鞋面采用透气的编织材料，鞋底采用镂空的网格结构，整只鞋子一体成型，无缝连接。这可让高新人小明看得心动不已，看来等以后 3D 打印技术普及了，去买鞋也不用挑码数了，用 3D 扫描仪扫一下就可以了。

目前来说，3D 打印衣服最大的问题是织物的材料，打印效果较好的尼龙、涤纶等原料舒适性有限，而棉、麻等布料还难以用 3D 打印机来制作。看来，真正的成果离我们的日常生活还是有一定的距离的。

2 新科技培育祖国新花朵

课堂内外，人人喊“打”

伴随着教育条件的不断改善，越来越多的新设备进入校园，同时一些新颖的教学方法也引入了课堂。作为时下的热门技术，3D 打印技术在教育教学方面的应用也是可圈可点的。

在学校，通过开设 3D 打印兴趣班，让孩子们充分展现自己的设计才华，提高孩子的动手能力，也促进孩子们创新思维的发展。不仅如此，在教学过程中经常会遇到一些抽象的事物，不容易直观的去感受，这时候通过 3D 打印的方法将其实物化，复杂抽象的事物就变得直观清晰了。

比如，在医学院解剖课程的教学中，复杂的解剖结构记忆是学生们头疼的一件事，图谱虽清晰但缺乏立体感，人体标本又稀缺。这时候，通过 3D 打印技术可以将解剖结构打印出来作为教学资源的补充，既清晰直观又可以个性化制作不同的解剖标本模型。不同于传统的解剖模型，3D 打印模型可以根据课堂需要个性化定制，制作时间短，教学目的性强，大大减轻了学生学习解剖的困难。

另外，随着初级医务人员的增加，专业的培训也日益增多。在这样的情况下，通过 3D 打印技术制作一些培训的模型，一方面减轻了医院培训的成本，另一方面可以充分提高初级医生的培训效果，毕竟可以做到低成本的大批量培训，这对医生和患者来说都是一件非常有意义的事。

童心烂漫“打”天书

童心是创造力的源泉。3D 打印的设计需要创造力和想象力，儿童的创意也许被成人当作看不懂的“天书”，但其中却有许多成人无法想象的创意。

2016 年 7 月，广州市少年宫 3D 打印创造力素养分享汇报会在第

二少年宫 301 综合室举行，分享会邀请到广州市教育局专家、广州市美术学院设计教授、3D 打印工程师以及设计学生代表参加。

3D 打印创造力素养活动作为少年宫素养教育的项目之一，秉持着“人人都是设计师”的教学宗旨和“全民设计”理念，主要引导孩子们从关心身边问题、解决问题为切入点进行设计及 3D 打印。打造新型城市建筑布局、城市排水疏通系统等模型，讨论并演示现在不少城市出现的“水浸街”问题。

在此次的活动中，少年宫的老师更多地鼓励孩子们大胆创意。针对 2016 年长江中下游发生了不同程度的汛情，广州也发生了几次内涝，人们的生命和经济财产均受到不同程度的损失，在为期 5 天的 3D 打印工作坊中，13 个孩子在 3D 打印工程师的指导和启发下，各自设计城市的一角落，呈现出 13 种针对大雨浸街的预防措施方案。

在分享汇报现场，学生代表和工程导师为现场嘉宾作了一次成果的汇报展示。广州大学老师介绍了这次活动的创办理念，而工程师则为大家展示了从创意到 3D 实物打印的全过程，学生代表给大家介绍了自己解决城市浸水问题的创意。

此外，活动现场还展示了 13 名学员的 13 件实物模型方案，在悬浮聚光灯的照射下，配有 13 个屏幕的 3D 模型动态展示在观众面前，让大家看见孩子们更多的创意。

广州市少年宫近年来一直在开展引导青少年参与数码艺术 3D 的创作与设计的活动，如 2013 年暑假尝试与第三方机构合作让孩子们体验 3D 打印项目，开始认识和接触 3D 打印；2014 年开展体验工作坊和 3D 设计比赛；2015 年则与社会企业合作进行 3D 模型车设计比赛。未来，广州市少年宫将继续开展更多解决实际问题的 3D 打印素养教育课程，让孩子们参与并在城市更多公共空间作汇报展示，为美好城市建设出一份力。

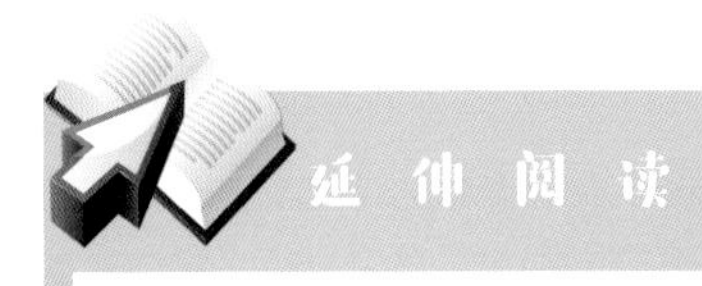

用 3D 打印送给母校一份礼物

看到 3D 打印在课堂教学中的实际应用，我们不禁感慨现在的学生真幸福，可以接触、学习这么先进的技术。最近，在山西太原，有几位将要离开校园的高校毕业生，用他们所学为母校献上了一份特别有意义的礼物。

“这是学校大门，这是主楼，这是图书馆，这是足球场……”2017 年 7 月 3 日，太原工业学院机械工程系的郭同学、牛同学、杜同学向我们展现了使用 3D 打印技术做出来的微缩版校园。要完成这个模型可不简单，实地测量、收集素材、三维建模、设计优化、值守打印机，在长达几个月里，三位同学把课余的时间都给了 3D 打印。

由于工作量巨大，三位同学毕业在即可还未完成 3D 校

园模型，但他们说他们仍未打算离开，一定要把这件事做完做好。3D打印校园的主体框架已完成，后期模型上色、铺设道路等还有很多事情需要完善。

太原工业学院工程训练中心的负责人王老师表示，对于这三名同学的创意，很多老师同学都给他们点赞。“他们能够关注先进的技术，主动学习，去掌握它，运用它，而且还在制作过程中团结协作，共同完成这样一个有创意的事情。”王老师说，他们很热爱自己的学校，用这样一个方式，给自己的大学画上句号，值得肯定。

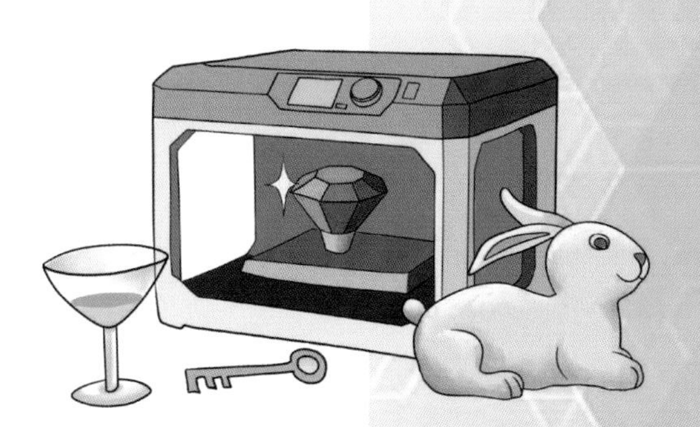

六　3D打印——“打”出全新未来

高新人小明穿越时空来到 2050 年，发现这里遍地是高耸入云的摩天大楼，飞驰的汽车形态各异，极具流线型，随时抬头都能看到空中飘浮着奇形怪状的飞行器。

小明走进一家快餐店，刚想开口问一个服务员，想不到他竟然是一个 3D 打印的机器人。机器人将他领到餐桌前，按了一下桌子旁边的按钮，桌子中间升起了一台精致的 3D 打印机，原来在 2050 年，食物都是用食材原料 3D 打印出来的，不仅能选食材，菜式、口味也是应有尽有，任君挑选。人们家里也不再摆放灶台炊具了，一台家用烹饪 3D 打印机就满足了所有的需求，市场上还有卖湘菜 3D 打印机、川菜 3D 打印机、西餐 3D 打印机，有意思极了。

小明经过了一个工地，那里非常空旷，没有工人的集体宿舍也没有大卡车，只有几个机器人和一台大吊车在不停工作，原来那是一台建筑 3D 打印机。小明愣神在一旁看了 10 分钟，大吊车就唰唰唰地建好了一层，几个机器人在大楼里排线布管完善装潢。小明不禁感叹，10 分钟就建好了一层楼，那一天时间就能建好一座摩天大厦了，谁说罗马不是一天建成的呢。

小明又来到了一栋行政大楼前，奇怪的是这里进进出出的不是西装革履的办公人员，而是一些家属陪同着羸弱的病人，难道这是 2050 年的医院么？他好奇地走了进去，看到一个母亲用磁悬浮轮椅推着她失去了双脚的女儿，小明关切地问：“女士，这里是医院么，现在的医学科技能治好小朋友的双脚么？”那位母亲说：“医学科技早就实现了断肢再生、器官克隆啦，医院的 3D 打印机现在什么病都能治好！不过，随着法律制度和医学伦理的完善，器官再造可不是为所欲为的。不然你想啊，把衰老的器官不停替换掉，就再也没有人死去了，地球就人满为患了。这里是再生医疗审查管理部门，只有通过这里递交的医疗申请，才能进行治疗。我的女儿上个月遭遇了意外，下个星期应该就能去医院治疗了，再过几周就能回学校上学了。”

真是太神奇了，原来经过了30年，世界的变化这么大。不仅突破了3D打印的技术瓶颈，还扩大了应用，社会的法律制度、监管规范也得到了完善，人们的生活更加美好、更加便捷了。

1 这到底是第几产业

刘老板的工厂接到一批订单，急需制造一批机器，一共50台。刘老板看了图纸之后，发现当中有一个零件他的工厂以前从没做过。刘老板四处打听模具制造的费用，一些厂家都说可以帮他制作，但是需要3万元左右，而且制作这个零件需要多套模具，要通过拼接焊接，2个月后才可以拿到成品。如果发现精细度不够的话，还要再加工或者重做，那时间就说不定了。

刘老板仔细计算，觉得成本太高了，而且时间还久，实在心

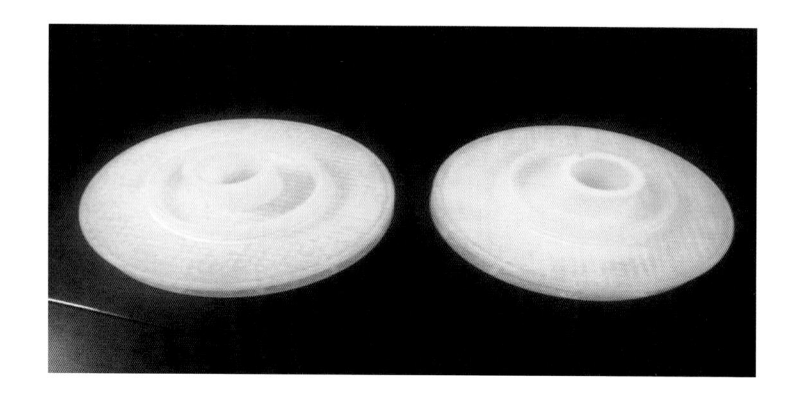

急如焚。这个时候他遇到了高新人小明，小明跟他说："有一种叫3D打印的技术，也许可以帮到您。"

刘老板马上咨询了一个能够3D打印制作零件的厂商，得到的回复让他喜出望外：一天内设计好，一个星期拿到成品零件，而且保证零件的精度，做好零件的调试加工。费用大概3 000元。

3D打印不仅仅是简单的制造技术革命，我们很直观地看到了它快速成型物体、构建复杂结构、节约生产成本的优点。3D打印技术更加突出的特点是对传统生产和组织管理模式的颠覆。

我们当今所处的时代，第一产业的农业、第二产业的制造业以及第三产业的服务业等划分比较明确。但在3D打印应用的领域，这些界限都变得模糊了，像是能做猪扒的3D打印机，既有食品原料生产，又有食品加工，还兼顾了餐饮饮食；又如上文小故事中刘老板委托的3D打印公司，既负责加工生产，还揽下了设计、加工、调试的服务业角色。

新的"小作坊"，既可以是农业，也可以是工业，还可以是服务业，把三种产业全包了。现在想想，首先在制造业大展拳脚的3D打印技术，现在到底是属于第几产业呢?

被"打"破的工业概念

我们看到了各行各业如此多的案例，不禁感叹今日的科技发展日新月异，当前我们处在新的工业革命变革当中，新的科技不断推陈出新：电子计算机、移动互联网、机器人、新能源等，科技变革已经持续数十年，始终方兴未艾。

3D 打印技术被誉为开启新工业革命的钥匙，作为"制造业数字化"的关键科技之一。3D 打印技术不仅简化了制作过程，大大降低了制造的复杂度，不再需要复杂的工艺、庞大的机床及众多的人力。而且这种数字化制造模式鼓励创新制造和个性发展，广阔的设计改造空间让 3D 打印机可生成任何形状的零件，使生产制造得以向更广的生产人群范围延伸，大大提高了产品设计研发效率，被称为"具有工业革命意义的制造技术"。

几十年后，我们的生活将发生翻天覆地的变化，目前我们所看到的，也仅仅是冰山一角。就如英国《经济学人》杂志所说："伟大发明所能带来的影响，在当时那个年代都是难以预测的，1450 年的印刷术如此，1750 年的蒸汽机如此，1950 年的晶体管也是如此。我们仍然无法预测，3D 打印机在漫长的时光里将如何改变世界。"

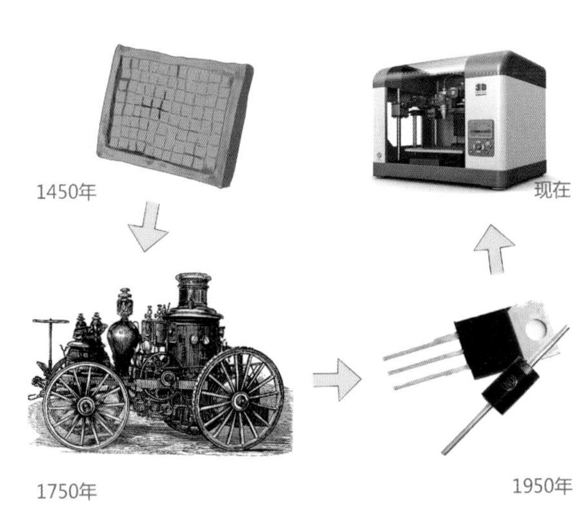

几家欢喜几家愁

从 20 世纪 80 年代 3D 打印问世以来，3D 打印从过去的默默无闻，逐渐闻名于世。在过去的 30 年里，全球 3D 打印产业呈逐年递增的趋势，2010 年全球 3D 打印产业规模达到 10 亿美元，其中包括设备、材料和服务三个部分，而 5 年后的 2015 年，全球 3D 打印产业规模达到了到 40 亿美元。

3D 打印产业的全球份额庞大，但地区分布是不均衡的。根据 2015 年一项不同国家 3D 打印设备安装数量的比较，美国最多，占全球 3D 打印设备的 38%，其次日本、德国、中国各占 9%~10%，其他国家共占 34%。可见，我国虽属于发展中国家，但对 3D 打印设备的需求，与

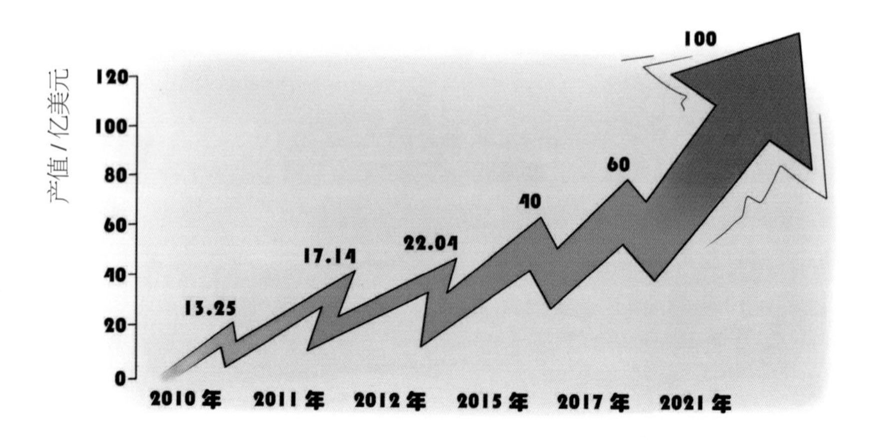

发达国家德国、日本相同。目前，我国的3D打印企业如雨后春笋生机勃勃，除3D打印设备外，材料、服务、行业应用等方面均发展迅猛，可见，目前中国3D打印市场潜力巨大。

细分3D打印的各个部分，可谓几家欢喜几家愁。拿3D打印设备举例，我们来看看美国几家著名的3D打印设备制造商：3D Systems、Stratasys、Makerbot，在2015年，它们面临不同程度的业绩下滑、企业亏损的情况，有的尝试更换企业CEO转变销售策略，有的消减工厂面积，产品生产转向外包。而德国的SLM Solutions——世界知名的金属3D打印设备制造商收入却同比增长了63%。这说明，传统的3D打印成型工艺如光固化和熔融沉积成型技术，技术成熟，设备需求饱和，大量的3D打印设备制造商竞争激烈；而新型的金属、生物3D打印机，技术仍在研发完善阶段，市场需求量大，企业竞争小。掌握了高端技术、新型材料的企业，无疑就具备了难以匹敌的竞争力。

近年来，我国积极研发3D打印技术，已成为美国、日本、德国之后的3D打印设备拥有国；激光直接加工金属技术发展迅速，率先应用在航空航天装备制造；生物细胞3D打印技术进展显著，已可以制造三维结构生物组织。

一些公司企业依托高校的研究成果，对3D打印设备进行产业化运作，主要有：北京殷华（依托于清华大学）、陕西恒通智能机器（依托西安交通大学）、湖北滨湖机电（依托华中科技大学）。这些企业都已实现了一定程度的产业化，部分企业生产的便携式桌面3D打印机成功进入欧美市场，亲民的价格受到国外消费者群体的青睐，已逐渐显现国际竞争力。

还有一些中小企业成为国外3D打印设备的代理商，经销包括打印机、软件系统、打印材料的全套商品；还有一些中小企业购买了国内外各类3D打印设备，专门做研发、生产、服务用途。其中，广东省工业设计中心、杭州先临快速成型技术有限公司等企业，设立了3D打印服务中心，发挥科技人才密集的优势，向国内外客户提供服务，取得了良好的经济效益。

根据推测，随着 3D 打印产业在全球范围的快速发展，国内 3D 打印市场规模在未来几年内将达到 100 亿元左右。

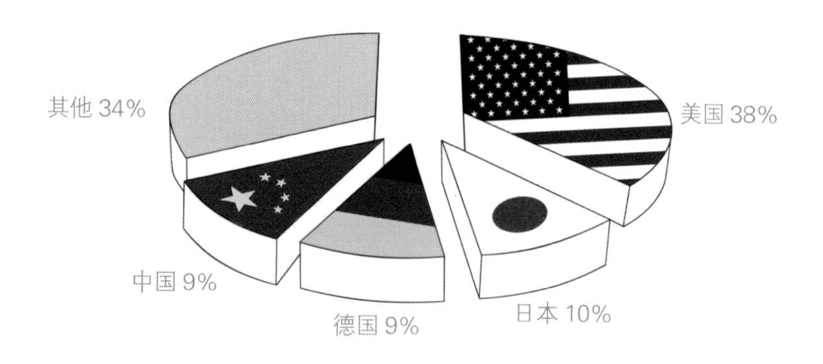

“打”出来的效益

3D 打印技术已经造成了巨大的社会效益和经济效益。不要以为 3D 打印机个个都是大块头，如冰箱衣柜般大小，只有工厂里面才有。其实目前小巧的桌面级、个人级 3D 打印机已经逐渐普及，可能哪天你去朋友家做客，就看到一台。

个人级 3D 打印机的普及对于产业的发展意义重大。除了个人用户外，许多学校也开展了 3D 打印课程，采购这种小巧的个人级 3D 打印机用于教育领域。这将对未来的设计师和工程技术人员、企业管理人员的产品设计思维产生深远影响。

专业级的3D打印机产生的效益就更大了。在解决材料和技术问题后，3D打印直接制造产品的商业价值远远大于制造产品原型。波音公司率先使用3D打印技术直接生产零部件，装配于8种型号的商用飞机，或许你就曾经搭乘过有3D打印制造零部件的飞机呢。在医疗牙科，已经有大规模使用3D打印技术直接生产高度个性化的器械产品，以后种牙补牙就更加快捷方便了，每个人都有一口明牙皓齿。在日常用品领域，美国的Shape ways公司更是通过互联网直接向消费者提供个性化的3D打印产品，主要有珠宝、艺术品、日常用品等。如果我们身边每一件物品都是3D打印的，那是多么神奇的一件事啊！

3D打印技术不仅产生了巨大的社会经济效益，更产生了制造思想层次的重大变革。虽然目前打印材料仍然有限，制造成本仍然较高，很难实现传统制造方式的大批量、低成本制造，但3D打印技术在快速制造、复杂构件、创新设计方面有比较优势，最理想的应用是在个性化或者定制化的领域，而这些领域普遍是传统大规模制造的薄弱环节。因此，3D打印与传统大规模制造之间存在着互相补充、相互结合的关系。

未来羊城，越“打”越勇

人们普遍认为，3D打印技术始于美国，是美国引领着这场新的工业革命。事实上，3D打印作为近十年十分火热的高新技术之一，世界上众多国家各有千秋。

早在2000年左右，中航激光技术团队就已开始投入3D激光焊接快速成型技术的研发，解决了多项世界技术难题。目前，中国已成为世界上少有掌握激光成型钛合金大型主承力构件制造技术并付诸实际应用的国家。凭借着钛合金3D打印技术，中国在航空材料领域走到了世界先进水平的前列。

广州，作为我国的沿海发达城市及国家中心城市之一，是中国重要的工业基地，多年的发展已形成了门类齐全、综合配套能力、科研技术能力和产品开发能力较强的外向型现代工业体系。

2014 年 9 月，在广州市人民政府的指导下，经广州市经济贸易委员会批准，广州市服务型制造业集聚区 · 3D 打印产业园在广州市荔湾区建立。这个产业园区的建立，发挥了广州市 3D 打印技术产业优势，力争打造华南地区的服务型制造业示范平台、3D 打印产业化示范基地和 3D 打印教育培训基地。这个园区可不简单，里面引进了多家 3D 打印企业，包括网能产品设计、立体易、捷和电子、富通模型、杉迪产品

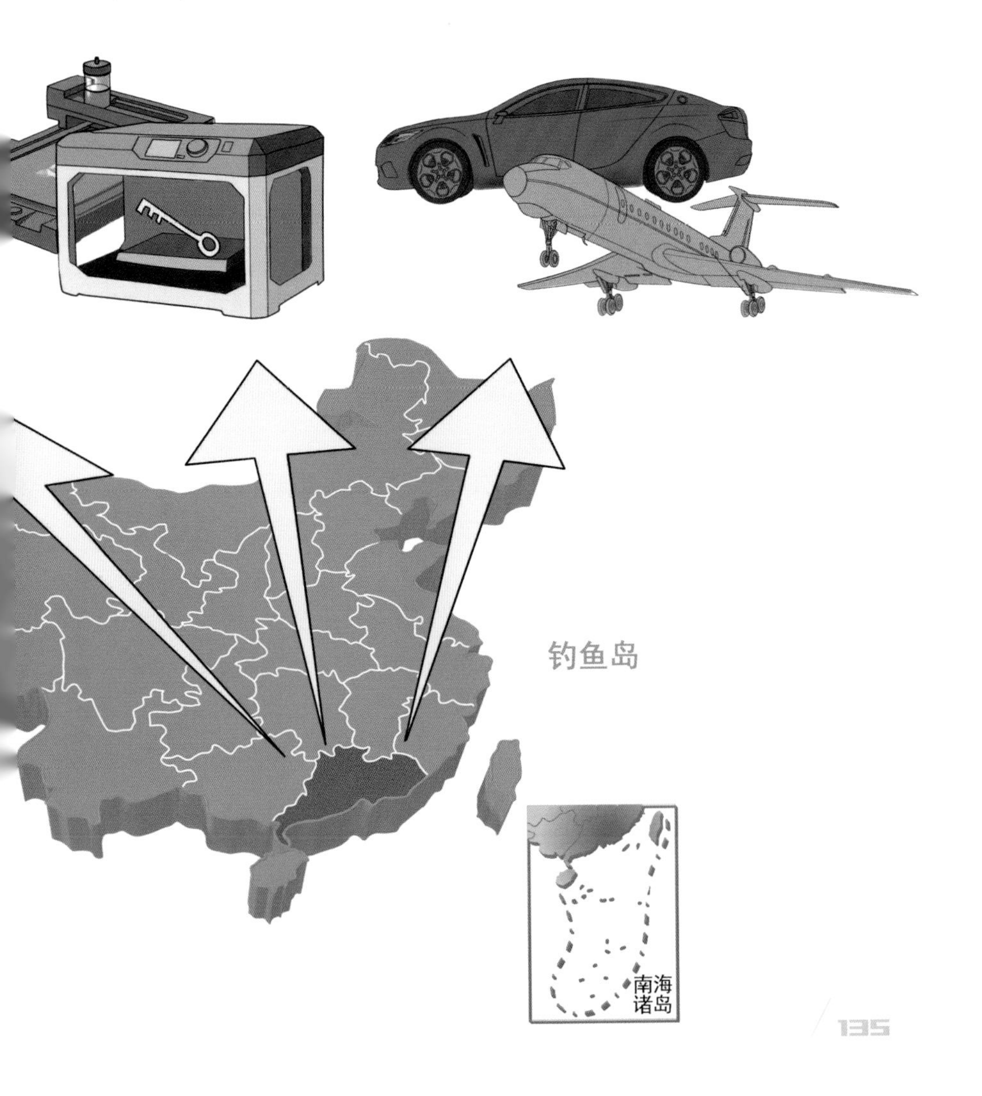

设计、建锦道自动控制等，囊括了 3D 打印技术行业的软件设计、产品研发、机械制造、材料供应、技术应用等上下游完整的产业链企业和机构，这样涵盖全面、结构完整的 3D 打印产业园区在我国还是首例。

同年 11 月，广东省 3D 打印产业创新联盟成立仪式暨广东省 3D 打印产业发展战略对话在广州举行。广东省科学技术厅副厅长龚国平为大会致辞，提出广东需要打造一个以市场需求为牵引、行业应用示范为核心、关键技术为突破重点和技术成果产业化为目的的 3D 打印产业环境。希望联盟发挥在 3D 打印产业的智库作用，并积极承担省内 3D 打印技术和应用产业发展的相关具体工作，加快广东省 3D 打印产业的发展，抢抓新一轮科技革命和产业变革的重大机遇。

3D 打印颠覆了很多旧观念，带来了革命性的进展，让很多以前做不到的医学设想梦想成真。伴随 3D 打印在医学领域的应用日益增多，2015 年 6 月，“医学 3D 打印工作室”在南方医科大学本部成立，该工作室依托人体解剖与组织胚胎学国家重点学科、创伤救治科研中心、生物力学重点实验室、组织构建与检测重点实验室、临床解剖学研究所等平台建立，旨在提供医学模型的构建与 3D 打印，医学 3D 打印创新产品设计及研发，以及 3D 打印植入物的标准化检测等临床与科研服务。目前，工作室团队已经完成了多例运用 3D 打印技术实现的断指再造、辅助外科手术、康复支具开发、医疗植入物开发等应用案例。

在时代发展日益快速的当下，牢牢把握科技进步大方向，高度重视科技创新，围绕实施创新驱动发展战略，加快推进以科技创新为核心的全面创新，对实现“两个一百年”奋斗目标，实现中华民族伟大复兴的中国梦，具有十分重要的指导意义。广州地处沿海，作为广东省的省会，华南地区的经济政治文化中心，应不断促进各地区之间的相互合作和资源共享，围绕关键共性技术开展联合攻关，让 3D 打印推动全社会的创新发展，并且快速提高我国科技实力和 3D 产业优势。

2 前路还须"打"拼

随着 3D 打印越来越受到人们的关注，相关问题也随之浮出水面。

"打"出来的新问题

(1) 原材料种类少，问题多

3D 打印主要由设备、软件、材料三部分组成，其中材料是不可或缺的环节。理论上来说，所有的材料都可以用于 3D 打印，但目前主要以光敏树脂、塑料、金属为主，这很难满足大众用户的需求。

研发一种新型材料也不是易事，首先这种材料根据用途不同，理化性质是有要求的；其次在成型时，这种材料需要是可以熔化、烧结的，并且成型过程中最好是无毒环保、性质稳定的；第三是这种材料的制备成本和制备难度的问题。

(2) 3D 打印成型工艺不成熟

发展较早的光固化和熔融沉积成型技术，是目前比较成熟的两种 3D 打印工艺，然而熔融沉积也存在精度不足、台阶效应的问题。其他工艺如金属 3D 打印，金属粉末经过高温熔化或烧结的时候，可能在内部残留气泡，导致强度不足。

(3) 信息不对称，市场认可度低

近年来，3D 打印的客户需求也在不断变化，要求越来越精细化，对材料的成分、工艺性、杂质含量等都要求更高。当中一大问题就是客户对国产材料的技术含量和水平不信任，但这其实是信息不对称造成的，目前国产材料、设备在一些领域的应用已经取得了不错的成果。

"打"须有法可依

电影里经常有这样的情节：卧底密探需要窃取一把钥匙，就把钥匙用力压在肥皂上，得到钥匙的压模，就能做出复制品。

现在，就有犯罪分子利用 3D 打印技术进行盗窃。只需短短 10 分钟，罪犯就能够用 3D 扫描仪创建出假冒的安全设备，比如货物封条、防盗锁和钥匙等。而在闯入货运集装箱偷走货物之后，小偷们就会用 3D 打印的复制品替换掉已经被破坏的封条，以掩盖其踪迹，使执法人员难以确定盗窃案发生的确切时间和位置。

这不禁引发人们的思考，3D 打印实现精确复制的能力，究竟是好是坏?

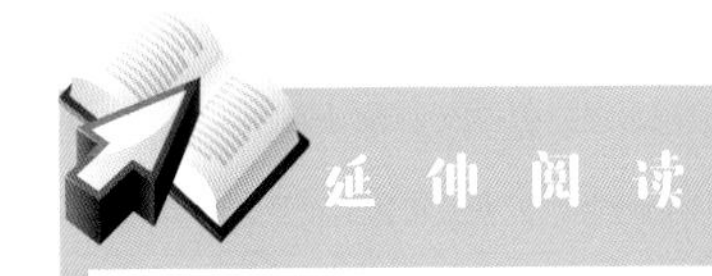

如洪水猛兽一般的3D打印枪支

3D打印产品正在逐渐改变我们的生活。不可否认，3D打印给我们的生活带来了便利和好处，但同时也对我们的生活造成了负面影响。日前进入我们视野的3D打印枪支，引发了民众关于3D打印安全性问题的广泛讨论。

2014年5月8日，日本警方逮捕了一位名为井村义友的28岁青年，原因是他在家中利用3D打印技术制造了数把塑料枪，并在互联网上传了制作视频及图纸。警方在其家中搜出5把3D打印的枪支，其中两把具备发射真子弹的能力。日本横滨地方法院控其违反《枪刀法》和《武器等制造法》，判处其有期徒刑两年。法院认为，井村义友用行动证明，只要通过3D打印机，谁都可以轻松制造出枪支，这是“极具模仿性的恶性犯罪”，因此“刑事责任重大”。

3D打印枪支的一个潜在威胁是这些武器更加容易瞒过许多标准的筛选机制，特别是金属探测器。而且，使用聚合物材料制造的3D打印枪支可在几分钟之内被熔化，容易销毁，这对执法、刑侦产生了十分严重的影响。

那么这种制作简便却威胁着人们生命安全的危险武器要如何监管呢？这个问题至今尚未解决，正考验着每个国家的法律体制。

3D打印涉及的领域非常广泛，多个行业已经感觉到3D打印以及它可能绕过知识产权保护而构成的威胁。如果是基于研究、欣赏、个人使用的目的，进行少量复制，是可以接受的。但如果不加以监管规范，不难想象，在 3D 时代，很少有人会去花费高额价格去购买知名商品，相反人们更愿意花费低廉的成本购买原材料，在家里打印所需产品。假如大众消费者如此应用 3D 打印，根本上将会损害经营者的利益，逼迫商家破产。由此可见，3D 打印对现有的知识产权合理使用制度提出了挑战。

一方面，3D 打印就如同当年互联网和数字技术的普及，改变了图书、音乐市场和电影版权发行一样，它正挑战着传统制造流程中受到知识产权保护的各类工业制品和创意设计产品。这些产品将不可避免地被大规模盗版，知识产权保护难度将大大增加。另一方面，3D 打印作为技术发展的产物，国家在鼓励先进技术发展的同时，也应避免因新技术发展而损害权利人的利益，要做好维护权利人与公众利益之间的平衡。

因此，尽快建立 3D 打印知识产权保护体系，地方可以出台与发展 3D 产业相配套的法规条款，与时俱进，正确引导高新技术产业发展，确保各方合法利益不受侵害。

"打"出你我的梦想

3D 打印之后的 4D 打印

时至今日，传统的 2D 打印机，也就是喷墨、激光打印机已经是再普通不过的办公设备了。而目前炒得火热的 3D 打印机，也逐渐走向价格亲民化的路线，有统计显示，最廉价的 3D 打印机的价格 10 年之内将从 18 000 美元降到 400 美元，而目前熔融沉积成型的 3D 打印机更是发展成了个人级、桌面级打印设备。同时，3D 打印速度也逐渐提升，和第一代 3D 打印机相比，打印速度加快了 100 倍。

正当 3D 打印刚刚开始产业化的时候，4D 打印的概念也呼之欲出。虽然还没有成熟的成果可供展示，但是在这里给大家做一个科普，4D 打印，本质上是在三维空间的基础上加多了一个时间的维度，是用一种能够自动变形的材料，给予特定条件（如温度、湿度等），就能按照产品设计自动折叠成相应的形状。比如我们可以给一件材料设置一个时间，让它在某个时间点发生形变，这样就方便了运输和提高了利用效率！

4D 打印最关键是智能材料，目前主要的研究方向是记忆材料和生物合金。美国陆军首席技术官 Grace Bochenek（格雷丝·博赫内克）表示，防弹衣未来可能会采用 4D 打印技术。在过去十年中一直在努力满足防护服的双重需求——既有保护作用，又足够的轻盈，不会给士兵增加负担或限制动作。未来，利用 4D 打印，科学家可能开发出轻薄小巧的防弹衣，便于储存和携带，但也可以伸展开并提供全面的防护。

随着新工业革命的变革，3D 打印技术也已经步入了飞速发展的时代。国务院颁布的《中国制造 2025》，将 3D 打印列入国家战略发展规划，这一政策体现了国家对于 3D 打印技术的重视，以及发展 3D 打印产业的决心。3D 打印发展的前景是与传统制造业结合而非取代制造业，进一步推动制造业升级转型，它将向智能化、精密化、通用化以及便捷化趋势发展。

未来的 3D 打印设备将不断更新换代，现有的金属 3D 打印设备成型空间难以满足大尺寸复杂精密工业产品的制造需求，在某种程度上制约了 3D 打印技术的应用范围。因此，开发大型金属 3D 打印设备将成为一个发展方向。随着人们不断地探索与开发，打印设备的精度会逐渐变得更高、成型速度将变得更快、价格及养护成本会变得更低。软件系统将更加智能、简便，不久的将来，3D 打印设备将实现集成化和一体化，实现设计软件和生产控制软件的无缝对接。

打印材料将变得更加多样，如复合材料、纳米材料、功能梯度材料、非均质材料，使得 3D 打印材料向多元化发展，并能够建立相应的材料供应体系，这必将极大地拓宽 3D 打印技术的应用场合。

一起改变的当然还有我们的生活，随着 3D 打印技术的不断发展与成本的降低，越来越多的 3D 打印设备和 3D 打印服务将出现在你我身边。想象一下，在未来的某一天，你可以坐在家里给自己打印首饰、衣服、鞋子；在你的车子里就放着一台3D打印机，汽车的某个零件坏了，便可以及时打印一个重新装上，而不用去4S店或者汽车维修厂苦苦排队等待了；以后学生们带回家的手工作品可能是他们用3D打印制作的工艺品。越来越多的领域将引用3D打印技术，到那时候，我们的衣食住行可能都离不开它了。

3D打印在技术层面得到很好的发展之后，随之而来的将是对3D打印技术安全性和知识产权方面的讨论。结合网络信息安全、电子设备技术等多个方面，不同领域的3D打印行业准则将规范3D打印技术的技术标准，使之更好地为人们所用。